나합격
전기(산업)기사

과목별 빈출특강
271제 + 무료동영상

전기(산업)기사 과목별 빈출특강 271제 오리엔테이션

나합격만의 엄선된 빈출문제를 만나보세요!

전기(산업)기사 필기 기출문제 중 빈출도가 높은 문제를 과목별로 풀어보면서 공식을 문제에 대입하는 방법을 익히고 관련이론을 익힘으로써 더 많은 문제를 풀 수 있습니다.

누구한테 필요한가요?

전기(산업)기사 필기가 처음인 수험생
▶ 이론 공부해도 문제풀이가 안돼요
▶ 공식을 알아도 기출문제 대입이 안돼요
▶ 빈출 문제 유형을 빠르게 알고 싶어요

점수가 계속 안오르는 수험생
▶ 중요한 문제만 따로 모아 보고 싶어요
▶ 전기 이론이 아직도 어려워요
▶ 기출을 계속 봐도 점수가 그대로에요

자가진단 체크리스트 ✓

※ 인강을 봐도 이해가 안 돼요 ☐
※ 이론에서 멈췄어요 ☐
※ 시간이 부족해요 ☐

공식을 대입하는 나합격만의 빈출문제 구성

NEW DESIGN

나합격만의 아이덴티티를 강조한
새로운 디자인과 함께 최신 출제경향을
완벽히 반영한 최신 개정판입니다.

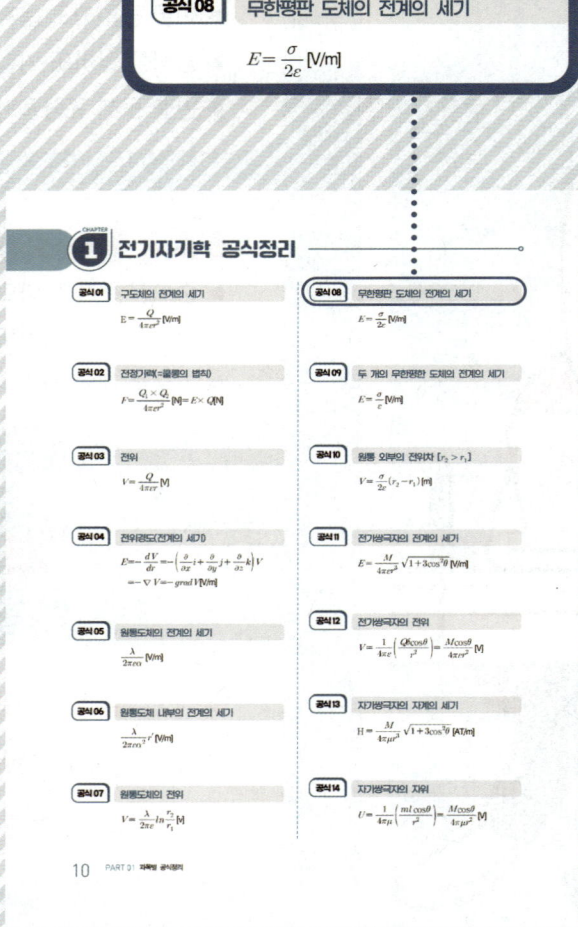

공식정리

전기기사와 전기산업기사에 꼭 필요한 과목별 필수 공식정리를
확인하세요.

STEP 1 필요한 공식·이론 정리로 개념확인

01 전계

- 두 전하 사이에 힘이 미치는 공간
- 전계의 세기는 전기력선의 밀도와 같다

$$E = \frac{전기력선의\ 수(N)}{전기력선이\ 지나가는\ 면의\ 면적(S)}$$

$$= \frac{Q/\varepsilon}{S} = \frac{Q}{\varepsilon S}\ [V/m]$$

STEP 2 빈출 문제로 바로 이론 적용

02-1

진공 중 x, y좌표에 A(1, 0)[m]와 B(0, 1)[m]되는 곳에 각각 10^{-4}[C]과 10^{-5}[C]의 점전하가 있다. 이때 점전하 사이에 작용하는 힘[N]은?

① 1 ② 4.5
③ 9 ④ 12.5

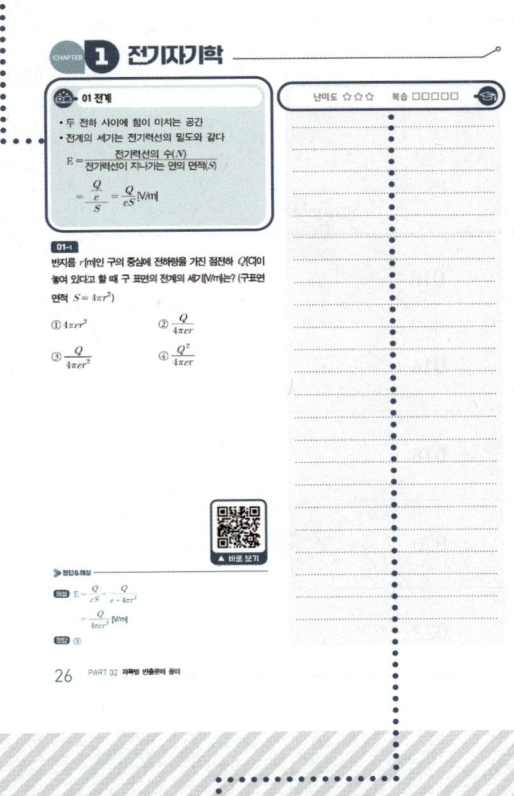

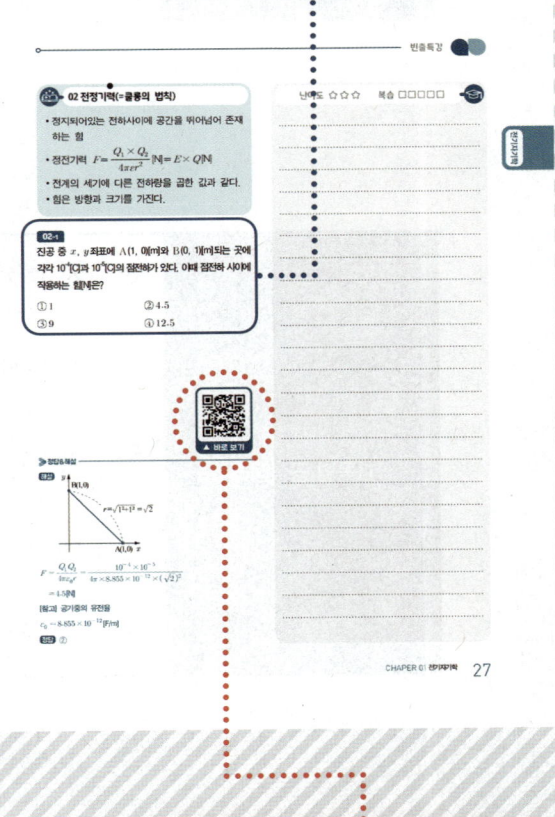

STEP 3 난이도·복습 진도 체크

난이도 ☆☆☆   복습 □□□□□

▶ QR 코드

무료동영상 강의를 통한 상세 해설 제공

SELF-STUDY PLANNER

시험 당일까지 공부일정 및 계획을 짜는 것은 매우 중요합니다.
셀프스터디 합격플래너를 통해 스스로의 합격을 만들어 보세요.

나의 목표		시험일
		/

				Study Day	Check
	01	전기자기학 공식정리	010	/	
	02	전력공학 공식정리	014	/	
PART 01 과목별 공식정리	03	전기기기 공식정리	018	/	
	04	회로이론 공식정리	020	/	
	05	제어공학 공식정리	022	/	

PART 02
과목별 빈출문제 풀이

				Study Day	Check
01	전기자기학	026	/		
02	전력공학	074	/		
03	전기기기	146	/		
04	회로이론	208	/		
05	제어공학	268	/		

PART 01

과목별
공식정리

01 전기자기학 공식정리
02 전력공학 공식정리
03 전기기기 공식정리
04 회로이론 공식정리
05 제어공학 공식정리

CHAPTER 1 전기자기학 공식정리

공식 01 구도체의 전계의 세기

$$E = \frac{Q}{4\pi\varepsilon r^2} \text{ [V/m]}$$

공식 02 전정기력(=쿨롱의 법칙)

$$F = \frac{Q_1 \times Q_2}{4\pi\varepsilon r^2} \text{ [N]} = E \times Q \text{ [N]}$$

공식 03 전위

$$V = \frac{Q}{4\pi\varepsilon r} \text{ [V]}$$

공식 04 전위경도(전계의 세기)

$$E = -\frac{dV}{dr} = -\left(\frac{\partial}{\partial x}i + \frac{\partial}{\partial y}j + \frac{\partial}{\partial z}k\right)V$$
$$= -\nabla V = -\text{grad } V \text{ [V/m]}$$

공식 05 원통도체의 전계의 세기

$$\frac{\lambda}{2\pi\varepsilon a} \text{ [V/m]}$$

공식 06 원통도체 내부의 전계의 세기

$$\frac{\lambda}{2\pi\varepsilon a^2} r' \text{ [V/m]}$$

공식 07 원통도체의 전위

$$V = \frac{\lambda}{2\pi\varepsilon} \ln \frac{r_2}{r_1} \text{ [V]}$$

공식 08 무한평판 도체의 전계의 세기

$$E = \frac{\sigma}{2\varepsilon} \text{ [V/m]}$$

공식 09 두 개의 무한평한 도체의 전계의 세기

$$E = \frac{\sigma}{\varepsilon} \text{ [V/m]}$$

공식 10 원통 외부의 전위차 $[r_2 > r_1]$

$$V = \frac{\sigma}{2\varepsilon}(r_2 - r_1) \text{ [m]}$$

공식 11 전기쌍극자의 전계의 세기

$$E = \frac{M}{4\pi\varepsilon r^3} \sqrt{1 + 3\cos^2\theta} \text{ [V/m]}$$

공식 12 전기쌍극자의 전위

$$V = \frac{1}{4\pi\varepsilon}\left(\frac{Q\delta\cos\theta}{r^2}\right) = \frac{M\cos\theta}{4\pi\varepsilon r^2} \text{ [V]}$$

공식 13 자기쌍극자의 자계의 세기

$$H = \frac{M}{4\pi\mu r^3} \sqrt{1 + 3\cos^2\theta} \text{ [AT/m]}$$

공식 14 자기쌍극자의 자위

$$U = \frac{1}{4\pi\mu}\left(\frac{ml\cos\theta}{r^2}\right) = \frac{M\cos\theta}{4\pi\mu r^2} \text{ [V]}$$

공식 15 정전용량(캐패시턴스)

$$C = 4\pi\varepsilon r\, [\text{F}]$$

공식 16 동심구도체 사이의 정전용량($b > a$)

$$C = 4\pi\varepsilon \frac{ab}{b-a}\, [\text{F}]$$

공식 17 무한장동축원통 도체 사이의 정전용량

$$\frac{2\pi\varepsilon}{\ln\dfrac{b}{a}}\, [\text{F/m}]$$

공식 18 평행원통도체 사이의 정전용량

$$C = \frac{\pi\varepsilon}{\ln\dfrac{d}{a}}\, [\text{F/M}]$$

공식 19 평행 평판사이의 정전용량

$$C = \frac{\varepsilon S}{d}\, [\text{F}]$$

공식 20 정전에너지

$$W = \frac{1}{2}CV^2\, [\text{J}]$$

공식 21 분극의 세기

$$P = \varepsilon_0(\varepsilon_s - 1)E\, [\text{C/m}^2]$$

공식 22 자화의 세기

$$J = \frac{m}{S} = \frac{M}{V} = \mu_0(\mu_s - 1)H\, [\text{Wb/m}^2]$$

공식 23 두 유전체 경계면에서 전속밀도와 전계의 경계조건

- $E_1\sin\theta_1 = E_2\sin\theta_2$
- $D_1\cos\theta_1 = D_2\cos\theta_2$
- $\varepsilon_2\tan\theta_1 = \varepsilon_1\tan\theta_2$

공식 24 경계면에 전계가 수직으로 입사 할 때($\varepsilon_1 > \varepsilon_2$)

$$f = \frac{1}{2}\left(\frac{1}{\varepsilon_2} - \frac{1}{\varepsilon_1}\right)D^2\, [\text{N/m}^2]$$

공식 25 경계면에 전계가 수평으로 입사 할 때

$$f = \frac{1}{2}(\varepsilon_1 - \varepsilon_2)E^2\, [\text{N/m}^2]$$

공식 26 두 자성체 경계면에서 자속밀도와 자계의 조건

- $H_1\sin\theta_1 = H_2\sin\theta_2$
- $B_1\cos\theta_1 = B_2\cos\theta_2$
- $\mu_2\tan\theta_1 = \mu_1\tan\theta_2$

공식 27 전기영상법에 의한 영상력

$$-\frac{Q^2}{16\pi\varepsilon a^2}\, [\text{N}]$$

공식 28 | 저항과 정전용량

$$RC = \varepsilon\rho = \frac{\varepsilon}{\sigma}$$

공식 29 | 무한히 긴 원통 도선 외부의 자계의 세기($r > a$)

$$H = \frac{I}{2\pi r} \text{ [AT/m]}$$

공식 30 | 무한히 긴 원통 도선 표면의 자계의 세기($r = a$)

$$H = \frac{I}{2\pi a} \text{ [AT/m]}$$

공식 31 | 무한히 긴 원통 도선 내부의 자계의 세기($r < a$)

$$H = \frac{Ir}{2\pi a^2} \text{ [AT/m]}$$

공식 32 | 원형코일 중심 축상의 자계의 세기

$$H = \frac{I}{2a} \text{ [AT/m]}$$

공식 33 | 솔레노이드

$$H = \frac{NI}{l} \text{ [AT/m]}$$

공식 34 | 환상솔레노이드

$$H = \frac{NI}{2\pi r} \text{ [AT/m]}$$

공식 35 | 자기저항

$$R_m = \frac{l}{\mu S} \text{ [AT/Wb]}$$

공식 36 | 자속

$$\varnothing = BS = \mu HS = \frac{\mu SNI}{l} \text{ [Wb]}$$

공식 37 | 자기인덕턴스

$$L = \frac{\mu SN^2}{l} \text{ [H]}$$

공식 38 | 상호인덕턴스

$$M = \frac{N_1 \varnothing_2}{I_2} = \frac{N_2 \varnothing_1}{I_1} = k\sqrt{L_1 L_2} \text{ [H]}$$

공식 39 | 동축케이블 단위길이당 인덕턴스

$$L = \frac{\mu}{2\pi} \ln \frac{b}{a} \text{ [H/m]}$$

공식 40 | 원통도체 내부 인덕턴스

$$L = \frac{\mu l}{8\pi} \text{ [H]}$$

공식 41 | 침투깊이

$$\delta = \sqrt{\frac{2}{\omega\sigma\mu}} = \frac{1}{\sqrt{\pi f \sigma \mu}} = \sqrt{\frac{\rho}{\pi f \mu}} \text{ [m]}$$

공식 42 파동 임피던스

$$Z_0 = \frac{E}{H} = \sqrt{\frac{\mu}{\varepsilon}} = 120\pi \sqrt{\frac{\mu_s}{\varepsilon_s}}$$

$$= 377 \sqrt{\frac{\mu_s}{\varepsilon_s}} \, [\Omega]$$

공식 43 전파속도

$$v = \frac{1}{\sqrt{\mu\varepsilon}} = 3 \times 10^8 \frac{1}{\sqrt{\mu_s \varepsilon_s}} \, [\text{m/s}]$$

CHAPTER 2 전력공학 공식정리

공식 01 수력발전기 출력
$$P_g = 9.8 QH\eta_t\eta_g \text{[kW]}$$

공식 02 경제적인 송전 전압 스틸(still)식
송전전압[kV]
$$= 5.5\sqrt{0.6 \times \text{송전거리[km]} + \frac{\text{송전전력[kW]}}{100}}$$

공식 03 이도(처짐 정도)
$$D = \frac{WS^2}{8T_0}\text{[m]}$$

공식 04 전선의 실제 길이
$$L = S + \frac{8D^2}{3S}\text{[m]}$$

공식 05 단상선로의 인덕턴스
$$L = 0.05 + 0.4605\log_{10}\frac{D}{r}\text{[mH/km]}$$

공식 06 다도체의 인덕턴스
$$L_n = \frac{0.05}{n} + 0.4605\log_{10}\frac{D_e}{\sqrt[n]{rs^{n-1}}}\text{[mH/km]}$$

공식 07 등가 선간거리
$$D_e = \sqrt[3]{D_1 \times D_2 \times D_3}$$

공식 08 단도체 정전용량
$$C = \frac{0.02413}{\log_{10}\frac{D}{r}}\text{[}\mu\text{F/km]}$$

공식 09 다도체 정전용량
$$C = \frac{0.02413}{\log_{10}\frac{D}{\sqrt[n]{rS^{n-1}}}}\text{[}\mu\text{F/km]}$$

공식 10 충전전류
$$I_c = \omega CE \text{[A]}$$

공식 11 전압강하
$$e = \sqrt{3}\,I_r(R\cos\theta + X\sin\theta)$$
$$= \frac{P}{V_r}(R + X\tan\theta)\text{[V]}$$

공식 12 전압강하율
$$\varepsilon = \frac{V_s - V_r}{V_r} \times 100 = \frac{\text{전압강하}\,e}{V_r} \times 100\text{[\%]}$$

공식 13 전압변동률
$$\varepsilon = \frac{V_{r0} - V_{2n}}{V_{2n}} \times 100\text{[\%]}$$

빈출특강

공식 14 전력손실

$$P_l = 3I^2R = 3\left(\frac{P}{\sqrt{3}\,V\cos\theta}\right)^2 R$$
$$= \frac{P^2 R}{V^2 \cos^2\theta}$$
$$= \frac{P^2 \rho l}{V^2 \cos^2\theta\, A}\,[W]$$

공식 15 중거리 송전선로 T형 회로

$$E_s = \left(1+\frac{ZY}{2}\right)E_r + Z\left(1+\frac{ZY}{4}\right)I_r$$
$$I_s = YE_r + \left(1+\frac{ZY}{2}\right)I_r$$

공식 16 중거리 송전선로 π형 회로

$$E_s = \left(1+\frac{ZY}{2}\right)E_r + ZI_r$$
$$I_s = Y\left(1+\frac{ZY}{4}\right)E_r + \left(1+\frac{ZY}{2}\right)I_r$$

공식 17 중거리 송전선로 π형 회로

$$E_s = \left(1+\frac{ZY}{2}\right)E_r + ZI_r$$
$$I_s = Y\left(1+\frac{ZY}{4}\right)E_r + \left(1+\frac{ZY}{2}\right)I_r$$

공식 18 특성임피던스

$$Z_0 = \sqrt{\frac{Z}{Y}} = \sqrt{\frac{R+j\omega L}{G+j\omega C}}\,[\Omega]$$

공식 19 4단자 정수

- $E_s = AE_r + BI_r$
- $I_s = CE_r + DI_r$

공식 20 단락용량

$$P_s = 3EI_S = \sqrt{3}\,VI_s\,[VA]$$

공식 21 퍼센트 임피던스

$$\%Z = \frac{P[kVA] \times Z[\Omega]}{10\,V[kV]^2}\,[\%]$$

공식 22 3상 단락전류

$$I_s = \frac{E}{Z} = \frac{100}{\%Z} \times I_n\,[A]$$

공식 23 단락용량

$$P_s = \frac{100}{\%Z}P_n\,[VA]$$

공식 24 영상, 정상, 역상 전류

- 영상전류 $I_0 = \frac{1}{3}(I_a + I_b + I_c)$
- 정상전류 $I_1 = \frac{1}{3}(I_a + aI_b + a^2I_c)$
- 역상전류 $I_2 = \frac{1}{3}(I_a + a^2I_b + aI_c)$

공식 25 — 지락전류

$$I_g = 3\omega C_s E = \sqrt{3}\,\omega C_s V\,[A]$$

공식 26 — 전자유도전압

$$E_m = \omega M(I_a + I_b + I_c) = \omega M \times 3I_0$$

공식 27 — 수용률

$$\text{수용률} = \frac{\text{최대전력}}{\text{부하설비용량}} \times 100\,[\%]$$

공식 28 — 부등률

$$\text{부등률} = \frac{\text{각각의 최대부하의 총합}}{\text{합성최대부하}} \geq 1$$

공식 29 — 부하율

$$\text{부하율} = \frac{\text{평균전력}}{\text{최대전력}} \times 100\,[\%]$$

공식 30 — 합성 최대 수용전력[kW]

$$\frac{\text{부하설비용량[kW]} \times \text{수용률}}{\text{부등률}}$$

공식 31 — 콘덴서 용량(역율 개선용)

$$Q_c = P(\tan\theta_1 - \tan\theta_2)$$

공식 32 — V-V결선

- 이용률 : 86.6[%]
- 출력비 : 57.7[%]

CHAPTER 3 전기기기 공식정리

공식 01 유기기전력

$$E = e\frac{Z}{a} = \frac{PZ\phi N}{60a} [V]$$

공식 02 정류자 편간전압

$$e = \frac{pE}{K} [V]$$

공식 03 옴의 법칙

$$V = IR [V] \quad I = \frac{V}{R} [A] \quad R = \frac{V}{1} [\Omega]$$

$$P = VI [W] \quad I = \frac{P}{V} [A] \quad V = \frac{P}{I} [V]$$

공식 04 타여자 발전기

유기기전력
$$E = V + I_a R_a + e_a + e_b [V]$$

공식 05 분권발전기

유기기전력
$$E = V + I_a R_a + e_a + e_b [V]$$

공식 06 직권발전기

$$E = V + I(R_a + R_f) + e_a + e_b [V]$$

공식 07 전압변동률

$$\varepsilon = \frac{V_0 - V_n}{V_n} \times 100 [\%]$$

공식 08 직류전동기 토크

$$T = \frac{pZ\phi I_a}{2\pi a} [N \cdot m]$$

$$T = 0.975 \frac{P}{N} [kg \cdot m]$$

공식 09 효율

- 발전기 규약효율 $= \dfrac{출력}{출력 + 손실} \times 100 [\%]$

- 전동기 규약효율 $= \dfrac{입력 - 손실}{입력} \times 100 [\%]$

공식 10 동기 발전기 - 철극형(돌극형) 출력

$$P \fallingdotseq \frac{EV}{x_d} \sin\delta + \frac{V^2(x_d - x_q)}{2x_d x_q} \sin 2\delta$$

공식 11 동기 발전기 - 비철극형(원통형) 출력

$$P \fallingdotseq \frac{EV}{x_x} \sin\delta \quad (3상) P \fallingdotseq \frac{3EV}{x_x} \sin\delta$$

공식 12 분포계수

$$K_d = \frac{\sin\dfrac{n\pi}{2m}}{q\sin\dfrac{n\pi}{2mq}}$$

공식 13 단절권 계수

$$K_P = \sin\frac{n\beta\pi}{2}$$

빈출특강

공식 14 전압변동률

$$\varepsilon = \frac{V_0 - V_n}{V_n} \times 100[\%]$$

공식 15 권수비

$$a = \frac{n_1}{n_2} = \frac{V_1}{V_2} = \frac{E_1}{E_2} = \frac{I_2}{I_1}$$

공식 16 변압기 유기기전력

$$E = 4.44 f n \phi_m [V]$$

공식 17 임피던스 전압

$$V_s = \frac{\%Z}{100} \times V_n [V]$$

공식 18 단락전류

$$I_s = \frac{100}{\%Z} \times I_n [A]$$

공식 19 %Z

$$\%Z = \sqrt{p^2 + q^2} = \frac{PZ}{10 V^2} [\%]$$

공식 20 전압변동률

- 지상 역율일 때 $\varepsilon = p\cos\theta + q\sin\theta$
- 진상 역율일 때 $\varepsilon = p\cos\theta - q\sin\theta$
- 최대 전압 변동률 $\varepsilon_{max} = \sqrt{p^2 + q^2}$

공식 21 유도전동기의 동기속도

$$N_s = \frac{120f}{P} [\text{rpm}]$$

공식 22 유도전동기의 슬립

$$s = \frac{N_s - N}{N_s} \times 100[\%]$$

공식 23 회전자 속도

$$N = (1-s)N_s [\text{rpm}]$$

공식 24 단상 정류회로

- 반파정류 $E_d = \frac{\sqrt{2}}{\pi} E = 0.45 E$
- 전파 정류 $E_d = \frac{2\sqrt{2}}{\pi} E = 0.9 E$

공식 25 역전압(PIV)

- 단상반파 $PIV = \sqrt{2}\, E = \pi E_d$
- 전파 정류 $PIV = 2\sqrt{2}\, E = \pi E_d$

공식 26 맥동률

$$\frac{\text{교류분}}{\text{직류분}} \times 100[\%]$$

회로이론 공식정리

공식 01 임피던스

$Z = R + jX [\Omega]$

공식 02 R-L 직렬회로

- 임피던스 $Z = R + jX_L = R + j\omega L [\Omega]$
- 임피던스 크기 $Z = \sqrt{R^2 + (\omega L)^2} [\Omega]$
- 역률 $\cos\theta = \dfrac{R}{Z} = \dfrac{R}{\sqrt{R^2 + (\omega L)^2}}$
- 과도현상
  - 전류 $i(t) = \dfrac{E}{R}\left(1 - e^{-\frac{R}{L}t}\right)$ [A]
  - 시정수 $\tau = \dfrac{L}{R}$

공식 03 R-C 직렬회로

- 임피던스 $Z = R - jX_C = R - j\dfrac{1}{\omega C} [\Omega]$
- 임피던스 크기 $Z = \sqrt{R^2 + \left(\dfrac{1}{\omega C}\right)^2} [\Omega]$
- 역률 $\cos\theta = \dfrac{R}{Z} = \dfrac{R}{\sqrt{R^2 + \left(\dfrac{1}{\omega C}\right)^2}}$
- 과도현상
  - 전류 $i(t) = \dfrac{E}{R}\left(e^{\frac{1}{RC}t}\right)$ [A]
  - 시정수 $\tau = RC$

공식 04 R-L-C 직렬회로

- 임피던스
  $Z = R + j(X_L - X_C)$
  $= R + j\left(\omega L - \dfrac{1}{\omega C}\right) [\Omega]$
- 임피던스 크기 $Z = \sqrt{R^2 + \left(\omega L - \dfrac{1}{\omega C}\right)^2} [\Omega]$
- 역률 $\cos\theta = \dfrac{R}{Z} = \dfrac{R}{\sqrt{R^2 + \left(\omega L - \dfrac{1}{\omega C}\right)^2}}$

공식 05 비정현파 교류의 실효값

$V = \sqrt{V_0^2 + \left(\dfrac{V_{m1}}{\sqrt{2}}\right)^2 + \left(\dfrac{V_{m2}}{\sqrt{2}}\right)^2 + \cdots + \left(\dfrac{V_{mn}}{\sqrt{2}}\right)^2}$
$= \sqrt{V_0^2 + V_1^2 + V_2^2 + \cdots + V_n^2}$

공식 06 왜형율

$\sqrt{\left(\dfrac{\text{고조파 실효값}}{\text{기본파의 실효값}}\right)^2}$
$= \sqrt{\left(\dfrac{V_2}{V_1}\right)^2 + \left(\dfrac{V_3}{V_1}\right)^2 + \left(\dfrac{V_4}{V_1}\right)^2 \cdots}$

공식 07 직렬 공진주파수

- 직렬 공진주파수 $f = \dfrac{1}{2\pi\sqrt{LC}}$ [Hz]
- n고조파 공진주파수 $f = \dfrac{1}{n \times 2\pi\sqrt{LC}}$ [Hz]

공식 08 — 불평형 3상 전압

- $V_a = V_0 + V_1 + V_2$
- $V_b = V_0 + a^2 V_1 + a V_2$
- $V_c = V_0 + a V_1 + a^2 V_2$

공식 09 — 영상, 정상, 역상 전압

- 영상전압 $V_0 = \dfrac{1}{3}(V_a + V_b + V_c)$
- 정상전압 $V_1 = \dfrac{1}{3}(V_a + a V_b + a^2 V_c)$
- 역상전압 $V_2 = \dfrac{1}{3}(V_a + a^2 V_b + a V_c)$

공식 10 — 불평형률

$\dfrac{\text{역상분}}{\text{정상분}} \times 100 [\%]$

공식 11 — 3상 교류발전기의 기본식

- $V_0 = -Z_0 I_0$
- $V_1 = E_a - Z_1 I_1$
- $V_2 = -Z_2 I_2$

공식 12 — 2전력계법

- 유효전력 $P = P_1 + P_2$
- 무효전력 $P_r = \sqrt{3}(P_1 - P_2)$
- 피상전력
$P_a = \sqrt{P^2 + Q^2} = 2\sqrt{P_1^2 + P_2^2 - P_1 P_2}$
- 역률 $\cos\theta = \dfrac{P}{P_a} = \dfrac{P_1 + P_2}{2\sqrt{P_1^2 + P_2^2 - P_1 P_2}}$

공식 13 — 임피던스 파라미터(Z 파라미터)

$\begin{bmatrix} V_1 \\ V_2 \end{bmatrix} = \begin{bmatrix} Z_{11} & Z_{12} \\ Z_{21} & Z_{22} \end{bmatrix} \begin{bmatrix} I_1 \\ I_2 \end{bmatrix}$
$\quad V_1 = Z_{11} I_1 + Z_{12} I_2$
$\quad V_2 = Z_{21} I_1 + Z_{22} I_2$

공식 14 — 어드미턴스 파라미터(Y 파라미터)

$\begin{bmatrix} I_1 \\ I_2 \end{bmatrix} = \begin{bmatrix} Y_{11} & Y_{12} \\ Y_{21} & Y_{22} \end{bmatrix} \begin{bmatrix} V_1 \\ V_2 \end{bmatrix}$
$\quad I_1 = Y_{11} V_1 + Y_{12} V_2$
$\quad I_2 = Y_{21} V_1 + Y_{22} V_2$

공식 15 — 4단자 정수

$\begin{bmatrix} V_1 \\ I_1 \end{bmatrix} = \begin{bmatrix} A & B \\ C & D \end{bmatrix} \begin{bmatrix} V_2 \\ I_2 \end{bmatrix}$
$\quad V_1 = A V_2 + B I_2$
$\quad I_1 = C V_2 + D I_2$

공식 16 — 영상 임피던스

$Z_{01}(\text{입력측}) = \sqrt{\dfrac{AB}{CD}},\ Z_{02}(\text{출력측}) = \sqrt{\dfrac{DB}{CA}}$

공식 17 — 영상 임피던스

$Z_{01}(\text{입력측}) = \sqrt{\dfrac{AB}{CD}},\ Z_{02}(\text{출력측})$

CHAPTER 5 제어공학 공식정리

공식 01 블록선도에서의 전달함수

$$G(s) = \frac{G(s)}{1+G(s)H(s)}$$

공식 02 편차(오차)

- 단위계단입력의 정상편차 $e_{ss} = \dfrac{sR(s)}{1+\text{편차상수}}$
  - 편차상수(위치편차 상수) $k_p = \lim\limits_{s \to 0} G(s)$

- 단위속도입력의 정상편차 $e_{ss} = \dfrac{sR(s)}{\text{편차상수}}$
  - 편차상수(위치편차 상수) $k_v = \lim\limits_{s \to 0} sG(s)$

- 단위속도입력의 정상편차 $e_{ss} = \dfrac{sR(s)}{\text{편차상수}}$
  - 편차상수(위치편차 상수) $k_a = \lim\limits_{s \to 0} s^2 G(s)$

공식 03 이득

$$g = 20\log_{10}[\text{dB}]$$

공식 04 이득 여유

$$g = -20\log_{10}[\text{dB}]$$

공식 05 점근선의 교차점

$$\frac{\text{극점근의 합} - \text{영점근의 합}}{\text{극점의 근의 개수} - \text{영점의 근의 개수}}$$

공식 06 미분방정식

$$\frac{d^2}{dt^2} \Leftrightarrow s^2 \qquad \frac{d}{dt} \Leftrightarrow s$$

$$y(t) \Leftrightarrow Y(s) \qquad x(t) \Leftrightarrow X(s)$$

공식 07 상태방정식의 기본식

$$\dot{x}(t) = Ax(t) + Bu(t)$$

공식 08 특성방정식

$$|sI - A| = \begin{bmatrix} a & b \\ c & d \end{bmatrix} = ad - bc = 0$$

공식 09 상태 천이 행렬

$$\Phi = \mathcal{L}^{-1}[(sI-A)^{-1}]$$

공식 10 교환 법칙

- $A + B = B + A$
- $A \cdot B = B \cdot A$

공식 11 결합법칙

- $(A+B) + C = A + (B+C)$
- $(A \cdot B) \cdot B = A \cdot (B \cdot C)$

공식 12 분배법칙

- $A \cdot (B+C) = AB + AC$
- $A + B \cdot C = (A+B) \cdot (A+C)$

공식 13 동일법칙

- $A + A = A$
- $A \cdot A = A$

공식 14 흡수법칙

- $A + A \cdot B = A$
- $A \cdot (A + B) = A$

공식 15 그 외 기타

- $0 + A = A,\ 1 + A = 1,\ 1 \cdot A = A,$
- $0 \cdot A = 0,\ A + \overline{A} = 1$

공식 16 드모르강의 정리

- $\overline{(X_1 + X_2 + X_3 + X_4 + \cdots + X_n)}$
  $= \overline{X_1} \cdot \overline{X_2} \cdot \overline{X_3} \cdot \overline{X_4} \cdot \cdots \cdot \overline{X_n}$
- $\overline{(X_1 \cdot X_2 \cdot X_3 \cdot X_4 \cdot \cdots \cdot X_n)}$
  $= \overline{X_1} + \overline{X_2} + \overline{X_3} + \overline{X_4} + \cdots + \overline{X_n}$

PART 02

과목별
빈출문제 풀이

01 전기자기학
02 전력공학
03 전기기기
04 회로이론
05 제어공학

CHAPTER 1 전기자기학

01 전계

- 두 전하 사이에 힘이 미치는 공간
- 전계의 세기는 전기력선의 밀도와 같다.

$$E = \frac{\text{전기력선의 수}(N)}{\text{전기력선이 지나가는 면의 면적}(S)}$$

$$= \frac{\frac{Q}{\varepsilon}}{S} = \frac{Q}{\varepsilon S} \text{[V/m]}$$

01-1

반지름 r[m]인 구의 중심에 전하량을 가진 점전하 Q[C]이 놓여 있다고 할 때 구 표면의 전계의 세기[V/m]는? (구표면 면적 $S = 4\pi r^2$)

① $4\pi\varepsilon r^2$
② $\dfrac{Q}{4\pi\varepsilon r}$
③ $\dfrac{Q}{4\pi\varepsilon r^2}$
④ $\dfrac{Q^2}{4\pi\varepsilon r}$

정답&해설

해설 $E = \dfrac{Q}{\varepsilon S} = \dfrac{Q}{\varepsilon \cdot 4\pi r^2}$

$= \dfrac{Q}{4\pi\varepsilon r^2}$ [V/m]

정답 ③

02 정전기력(=쿨롱의 법칙)

- 정지되어있는 전하사이에 공간을 뛰어넘어 존재하는 힘
- 정전기력 $F = \dfrac{Q_1 \times Q_2}{4\pi\varepsilon r^2}$ [N] $= E \times Q$ [N]
- 전계의 세기에 다른 전하량을 곱한 값과 같다.
- 힘은 방향과 크기를 가진다.

02-1

진공 중 x, y좌표에 A(1, 0)[m]와 B(0, 1)[m]되는 곳에 각각 10^{-4}[C]과 10^{-5}[C]의 점전하가 있다. 이때 점전하 사이에 작용하는 힘[N]은?

① 1 ② 4.5
③ 9 ④ 12.5

▲ 바로 보기

▶ 정답&해설

해설
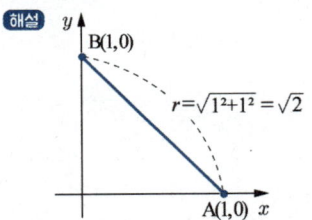

$F = \dfrac{Q_1 Q_2}{4\pi\varepsilon_0 r} = \dfrac{10^{-4} \times 10^{-5}}{4\pi \times 8.855 \times 10^{-12} \times (\sqrt{2})^2}$

$= 4.5$ [N]

[참고] 공기중의 유전율
$\varepsilon_0 = 8.855 \times 10^{-12}$ [F/m]

정답 ②

03 전위

- 무한히 먼 거리에 있는 1[C]의 전하를 어느 지점까지 이동시키는데 드는 일
$$V = F \times r = QE \times r = E \times r$$
$$= \frac{Q}{4\pi\varepsilon r^2} \times r = \frac{Q}{4\pi\varepsilon r} [V]$$
- 전위는 거리와 반비례하고 전계의 세기와 비례한다.
- 대전도체 내부의 전위는 같다.
- 전위경도 : 전위를 거리에 대해 미분하면 전계의 세기가 된다.
$$E = -\frac{dV}{dr} = -\left(\frac{\partial}{\partial x}i + \frac{\partial}{\partial y}j + \frac{\partial}{\partial z}k\right)V$$
$$= -\nabla V = -grad\, V [V/m]$$

03-1

전계의 세기가 20[V/m]로 평등한 공간에 A점의 전위가 0[V]일 때 전계의 반대 방향으로 5[m]거리에 있는 B점의 전위는 몇[V]인가?

① 0　　　　　　　② 50
③ 100　　　　　　④ 150

▲ 바로 보기

▶ 정답&해설

 $V = E \cdot r = 20 \times 5 = 100[V]$

 ③

03-2

30[V/m]의 전계 내의 80[V]되는 점에서 1[C]의 전하를 전계방향으로 80[cm] 이동한 경우, 그 점의 전위[V]는?

① 9
② 24
③ 30
④ 56

정답&해설

해설 $V = V_A - V_B = V_A - Er = 80 - (30 \times 0.8) = 56[V]$

정답 ④

04 대전된 원통도체(=선도체)의 전계의 세기 및 전위

- 반경이 a[m]이고 선전하 밀도 λ(= 단위길이[ℓ [m]]당 전하밀도[C/m])의 전하가 균일하게 대전된 무한히 긴 원통 대전체의 전계의 세기
  - 전계의 세기

  $$E = \frac{Q}{\varepsilon S} = \frac{\lambda l}{2\pi \alpha l \varepsilon}$$
  $$= \frac{\lambda}{2\pi \varepsilon \alpha} \text{[V/m]}$$

  (선전하밀도 $\lambda = \frac{Q}{l}$ [C/m])

  - 원통 내부 한 점[r']에 대한 전계의 세기 [$\alpha > r'$]

  $$E' = \frac{\lambda'}{2\pi \varepsilon r'} = \frac{\lambda}{2\pi \varepsilon \alpha^2} r' \text{[V/m]}$$

- 원통 외부의 r_1[m]에 있는 점과 r_2[m]에 있는 점의 전위차 [$r_2 > r_1 > \alpha$]

  $$V = \frac{\lambda}{2\pi \varepsilon} ln \frac{r_2}{r_1} \text{[V]}$$

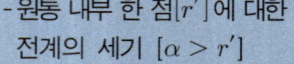

난이도 ☆☆☆   복습 □□□□□

04-1

선전하밀도가 λ[C/m]로 균일한 무한 직선도선의 전하로부터 거리가 r[m]인 점의 전계의 세기 E는 몇 [V/m]인가?

① $E = \dfrac{\lambda}{4\pi\varepsilon_0 r^2}$ ② $E = \dfrac{\lambda}{2\pi\varepsilon_0 r^2}$

③ $E = \dfrac{\lambda}{2\pi\varepsilon_0 r}$ ④ $E = \dfrac{\lambda}{4\pi\varepsilon_0 r}$

▲ 바로 보기

▶ 정답&해설

[해설] $E = \dfrac{Q}{\varepsilon S} = \dfrac{\lambda l}{2\pi \alpha l \varepsilon} = \dfrac{\lambda}{2\pi \varepsilon \alpha}$ [V/m]

[정답] ③

05 면전하 밀도

- 면전하밀도 σ (= 단위면적 $S[m^2]$당 전하밀도) $[C/m^2]$의 전하가 균일하게 대전된 무한평판 대전체의 전계의 세기와 전위
  - 무한평판 전계의 세기
  $$E = \frac{Q}{\varepsilon S} = \frac{\sigma S}{\varepsilon(2 \times S)} = \frac{\sigma}{2\varepsilon} \text{ [V/m]}$$
  - 두 개의 무한평한 전계의 세기
  $$E = \frac{Q}{\varepsilon S} = \frac{\sigma S}{\varepsilon S} = \frac{\sigma}{\varepsilon} \text{ [V/m]}$$
- 원통 외부의 $r_1[m]$에 있는 점과 $r_2[m]$에 있는 점의 전위차 $[r_2 > r_1]$
  $$V = \frac{\sigma}{2\varepsilon}(r_2 - r_1) \text{ [m]}$$

05-1

무한히 넓은 도체 평면판에 면밀도 $\sigma[C/m^2]$의 전하가 분포되어 있는 경우 전력선은 면(面)에 수직으로 나와 평행하게 발산한다. 이 평면의 전계의 세기는 몇[V/m]인가?

① $\dfrac{\sigma}{\varepsilon_0}$
② $\dfrac{\sigma}{2\varepsilon_0}$
③ $\dfrac{\sigma}{2\pi\varepsilon_0}$
④ $\dfrac{\sigma}{4\pi\varepsilon_0}$

▲ 바로 보기

▶ 정답&해설

해설 $E = \dfrac{Q}{\varepsilon S} = \dfrac{\sigma S}{\varepsilon(2 \times S)} = \dfrac{\sigma}{2\varepsilon}$ [V/m]

정답 ②

06 전기쌍극자

- 크기가 같고 부호가 반대인 점전하가 미소거리 δ[m] 만큼 떨어져 있는 전하 한쌍
- 전기쌍극자 모멘트 $M = Q\delta$[C·m]
- 전기쌍극자의 전계의 세기
$$E = \frac{M}{4\pi\varepsilon r^3}\sqrt{1+3\cos^2\theta} \text{ [V/m]}$$
- 전기쌍극자의 전위
$$V = \frac{1}{4\pi\varepsilon}\left(\frac{Q\delta\cos\theta}{r^2}\right) = \frac{M\cos\theta}{4\pi\varepsilon r^2} \text{ [V]}$$
- $\theta = 90°$ 에서 최소
- $\theta = 0°$ 에서 최대

06-1

전기 쌍극장에 의한 전계의 세기는 쌍극자로부터의 거리 r에 대해서 어떠한가?

① r에 반비례한다. ② r^2에 반비례한다.
③ r^3에 반비례한다. ④ r^4에 반비례한다.

▲ 바로 보기

▶ 정답&해설

해설 전기쌍극자 전계의 세기
$E = \frac{M}{4\pi\varepsilon r^3}\sqrt{1+3\cos^2\theta}$ [V/m]

r^3에 반비례한다.

정답 ③

06-2
전기 쌍극장에 관한 설명으로 틀린 것은?

① 전계의 세기는 거리의 세제곱에 반비례한다.
② 전계의 세기는 주위 매질에 따라 달라진다.
③ 전계의 세기는 쌍극자 모멘트에 비례한다.
④ 쌍극자의 전위는 거리에 반비례한다.

▲ 바로 보기

정답&해설

해설
- 전기쌍극자의 전계의 세기
$$E = \frac{M}{4\pi\varepsilon r^3}\sqrt{1+3\cos^2\theta} \text{ [V/m]}$$
- 전기쌍극자의 전위
$$V = \frac{1}{4\pi\varepsilon}\left(\frac{Q\delta\cos\theta}{r^2}\right) = \frac{M\cos\theta}{4\pi\varepsilon r^2} \text{ [V]}$$

전위는 거리 r의 제곱에 반비례이다.
전계의 세기는 거리 r의 세제곱에 반비례한다.
- 매질의 유전율 ε에 따라 달라진다.
- 쌍극자 모멘트 M에 비례한다.

정답 ④

06-3

진공 중에서 $+q$[C]과 $-q$[C]의 점전하가 미소거리 a[m] 만큼 떨어져 있을 때 이 쌍극자가 P점에 만드는 전계 [V/m]와 전위 [V]의 크기는?

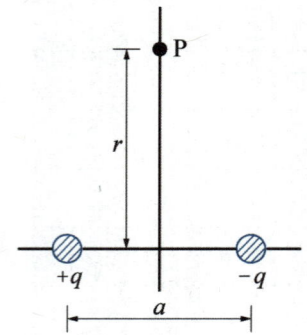

① $E = \dfrac{qa}{4\pi\varepsilon_0 r^2}$, $V = 0$

② $E = \dfrac{qa}{4\pi\varepsilon_0 r^3}$, $V = 0$

③ $E = \dfrac{qa}{4\pi\varepsilon_0 r^2}$, $V = \dfrac{qa}{4\pi\varepsilon_0 r}$

④ $E = \dfrac{qa}{4\pi\varepsilon_0 r^3}$, $V = \dfrac{qa}{4\pi\varepsilon_0 r^2}$

정답&해설

해설 전기쌍극자 전계

- 전기쌍극자 전위 $V = \dfrac{M\cos\theta}{4\pi\varepsilon_0 r^2}$ [V]

- 전기쌍극자 모멘트 $M = qa$ [C·m]

그림에서 쌍극자 중심에서 점 P점의 축이 이루는 각 θ가 90°이므로

전계 $E = \dfrac{M}{4\pi\varepsilon_0 r^3}(\sqrt{1+3\cos^2\theta}) = \dfrac{qa}{4\pi\varepsilon_0 r^3}$ [V/m]

전위 $V = \dfrac{M\cos\theta}{4\pi\varepsilon_0 r^2} = 0$ [V]이다($\cos 90° = 0$).

정답 ②

06-4

쌍극자 모멘트가 $M[\text{C}\cdot\text{m}]$인 전기쌍극자에서 점 P의 전계는 $\theta = \dfrac{\pi}{2}$에서 어떻게 되는가? (단, θ는 전기 쌍극자의 중심에서 축 방향과 점 P를 잇는 선분의 사이각이다)

① 0
② 최소
③ 최대
④ $-\infty$

정답&해설

해설 전기쌍극자 전계의 세기
θ가 90°면 $\cos\theta$가 0이 되어 E가 최소가 되고 θ가 0°면 $\cos\theta$가 1이 되어 E가 최대가 된다.
$\theta = \dfrac{\pi}{2}$는 90°이기 때문에 E는 최소값을 갖는다.

[참고] $\pi = 180°$

정답 ②

07 자기쌍극자

- 자기쌍극자의 자계의 세기
$$H = \frac{M}{4\pi\mu r^3}\sqrt{1+3\cos^2\theta}\ [AT/m]$$
- 자기쌍극자의 자위
$$U = \frac{1}{4\pi\mu}\left(\frac{ml\cos\theta}{r^2}\right) = \frac{M\cos\theta}{4\pi\mu r^2}\ [V]$$
- $\theta = 90°$에서 최소
- $\theta = 0°$에서 최대

07-1

자기 쌍극자에 의한 자위 U[A]에 해당되는 것은?
(단, 자기 쌍극자의 자기 모멘트 M[Wb·m], 쌍극자의 중심으로부터의 거리는 r[m], 쌍극자의 정방향과의 각도는 θ라 한다)

① $6.33 \times 10^4 \times \dfrac{M\sin\theta}{r^3}$

② $6.33 \times 10^4 \times \dfrac{M\sin\theta}{r^3}$

③ $6.33 \times 10^4 \times \dfrac{M\cos\theta}{r^3}$

④ $6.33 \times 10^4 \times \dfrac{M\cos\theta}{r^2}$

▲ 바로 보기

정답&해설

해설 자기 쌍극자에 의한 자위
$$U = \frac{1}{4\pi\mu}\left(\frac{ml\cos\theta}{r^2}\right) = \frac{M\cos\theta}{4\pi\mu r^2}\ [V]$$
$$u = \frac{1}{4\pi \times 4\pi \times 10^{-7}} \times \frac{M\cos\theta}{r^2} = 6.33 \times 10^4 \times \frac{M\cos\theta}{r^2}$$

[참고] 공기 중의 투자율 $\mu_0 = 4\pi \times 10^{-7}$[H/m]

정답 ④

08 정전용량(캐패시턴스)

- 전위 V의 일을 하여 도체에 전하를 저장(축적) 시킬 수 있는 능력

$$Q = CV [C]$$
$$V = \frac{Q}{C} = \frac{Q}{4\pi\varepsilon r} [V]$$
$$C = 4\pi\varepsilon r [F]$$

08-1

진공 중에 있는 반지름 a[m]인 도체구의 정전용량[F]은?

① $4\pi\varepsilon_0 a$ ② $2\pi\varepsilon_0 a$
③ $8\pi\varepsilon_0 a$ ④ a

난이도 ☆☆☆ 복습 □□□□□

정답&해설

해설 정전용량 $C = \frac{Q}{V}$[F]

도체구의 전위 $V = \frac{Q}{4\pi\varepsilon_0 a}$[V]

$C = \frac{Q}{\frac{Q}{4\pi\varepsilon_0 a}} = 4\pi\varepsilon_0 a$[F]

정답 ①

09 동심구동체 사이의 정전용량($b > a$)

$$C = \frac{Q}{V} = \frac{4\pi\varepsilon}{\left(\dfrac{1}{a} - \dfrac{1}{b}\right)} = 4\pi\varepsilon\frac{ab}{b-a} \text{ [F]}$$

09-1

진공 중에서 내구의 반지름 $a = 3$[cm], 외구의 반지름 $b = 9$[cm]인 두 동심구 사이의 정전용량은 몇 [pF]인가?

① 0.5
② 5
③ 50
④ 500

정답&해설

해설 동심 구도체 사이의 정전용량

$C = 4\pi\varepsilon_0 \dfrac{ab}{b-a}$ [F]

$= 4\pi \times 8.855 \times 10^{-12} \times \dfrac{(3 \times 10^{-2}) \times (9 \times 10^{-2})}{9 \times 10^{-2} - 3 \times 10^{-2}}$

$= 5 \times 10^{-12}$ [F] $= 5$ [pF]

정답 ②

09-2

내구의 반지름이 a[m], 외구의 반지름이 b[m]인 동심 구형 콘덴서의 내구의 반지름과 외구의 내 반지름을 각각 $2a$, $2b$로 증가시키면 이 동심구형 콘덴서의 정전용량은 몇 배로 되는가?

① 1
② 2
③ 3
④ 4

정답&해설

해설 동심구도체 정전용량
- a : 내구반지름
- b : 외구반지름

내구반지름이 $2a$[m]이고, 외구반지름이 $2b$[m]일 때

$$C' = 4\pi\varepsilon_0 \frac{2a \times 2b}{2b-2a} = 4\pi\varepsilon_0 \frac{4ab}{2(b-a)} = 2 \times 4\pi\varepsilon_0 \frac{ab}{b-a} = 2C[\text{F}]$$

C'는 C의 2배 증가한다.

정답 ②

10 무한장동축원통 도체 사이의 정전용량

$$c = \frac{\lambda}{V} = \frac{\lambda}{\frac{\lambda}{2\pi\varepsilon}\ln\frac{b}{a}} = \frac{2\pi\varepsilon}{\ln\frac{b}{a}} \, [\text{F/m}]$$

난이도 ☆☆☆   복습 □□□□□

10-1

그림과 같은 길이가 1m인 동축 원통 사이의 정전용량 [F/M]은?

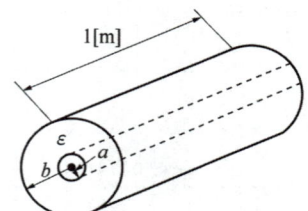

① $C = \dfrac{2\pi}{\varepsilon \ln\frac{b}{a}}$

② $C = \dfrac{\varepsilon}{2\pi \ln\frac{b}{a}}$

③ $C = \dfrac{2\pi\varepsilon}{\ln\frac{b}{a}}$

④ $C = \dfrac{\pi\varepsilon}{\ln\frac{b}{a}}$

▲ 바로 보기

▶ **정답&해설**

해설 무한장 동축 원통 도체 사이의 정전용량

$C = \dfrac{2\pi\varepsilon}{\ln\frac{b}{a}} \, [\text{F/m}]$

정답 ③

11 평행원통도체 사이의 정전용량

- 반경이 a[m]이고 단위길이당 전하량이 λ[C/m], $-\lambda$[C/m]인 원통 도체 A, B가 동일한 축상에 원통 중심을 기준으로 평행하게 거리 d[m]만큼 떨어져 있는 경우 원통도체 사이의 전위차와 정전용량

$$V = \frac{\lambda}{\pi\varepsilon}\ln\left(\frac{d-a}{a}\right)[\text{V}]$$

$$C = \frac{\lambda}{V} = \frac{\lambda}{\frac{\lambda}{\pi\varepsilon}\ln\left(\frac{d-a}{a}\right)}$$

$$= \frac{\pi\varepsilon}{\ln\left(\frac{d-a}{a}\right)}[\text{F/m}]$$

$d \gg a$이므로 $C = \dfrac{\pi\varepsilon}{\ln\dfrac{d}{a}}$[F/m]

11-1

반지름 2[mm]의 두 개의 무한히 긴 원통 도체가 중심 간격 2[m]로 진공 중에 평행하게 놓여 있을 때 1[km]당의 정전용량은 약 몇 [μF]인가?

① 1×10^{-3}
② 2×10^{-3}
③ 4×10^{-3}
④ 6×10^{-3}

▲ 바로 보기

정답&해설

해설 반지름 $r = 2$[mm] $= 2 \times 10^{-3}$[m]
도체 중심부터의 도체 간의 간격 $d = 2$[m]

$C = \dfrac{\pi \times 8.855 \times 10^{-12}}{\ln\dfrac{2}{2 \times 10^{-3}}} = 4 \times 10^{-12}$ [F/m]에서 1[km]당 정전용량은

$C = 4 \times 10^{-12} \times 10^3 = 4 \times 10^{-9}$ [F] $= 4 \times 10^{-3}$ [μF]이다.

정답 ③

12 평행 평판사이의 정전용량

- 면적 $S[m^2]$인 대전된 평판 사이의 거리가 $d[m]$일 때 두 평판 사이의 전위차와 정전용량

$$V = \frac{Qd}{\varepsilon S} [V] \qquad C = \frac{Q}{V} = \frac{Q}{\frac{Qd}{\varepsilon S}} = \frac{\varepsilon S}{d} [F]$$

12-1

면적이 $S[m^2]$인 금속판 2매를 간격이 $d[m]$가 되게 공기 중에 나란하게 놓았을 때 두 도체 사이의 정전용량[F]은?

① $\dfrac{S}{d}\varepsilon_0$ ② $\dfrac{d}{S}\varepsilon_0$

③ $\dfrac{d}{S^2}\varepsilon_0$ ④ $\dfrac{S^2}{d}\varepsilon_0$

▶ 정답&해설

해설 정전용량

$C = \dfrac{S}{d}\varepsilon_0 [F]$

정답 ①

13 콘덴서 직·병렬 연결

- 직렬
$$C_0 = \frac{1}{\frac{1}{C_1}+\frac{1}{C_2}} = \frac{C_1 \times C_2}{C_1 + C_2}[F]$$

- 병렬
$$C_0 = C_1 + C_2 [F]$$

13-1

$0.2[\mu F]$인 평행판 공기 콘덴서가 있다. 전극 간에 그 간격의 절반 두께의 유리판을 넣었다면 콘덴서의 용량은 약 몇 $[\mu F]$인가? (단, 유리의 비유전율은 10이다)

① 0.26　　　② 0.36
③ 0.46　　　④ 0.56

 ▲ 바로 보기

▶ 정답&해설

해설

$d\ \ C = \dfrac{\varepsilon_0 S}{d} = 0.2[\mu F]$ → $\dfrac{d}{2}$ 공기중 $\varepsilon_1 = \varepsilon_0$　C_1
　　　　　　　　　　　　　$\dfrac{d}{2}$ 유리 $\varepsilon_2 = 10\varepsilon_0$　C_2

$C_1 = \dfrac{\varepsilon_1 S}{d} = \dfrac{\varepsilon_0 S}{\dfrac{d}{2}} = 2 \cdot \dfrac{\varepsilon_0 S}{d} = 2 \times 0.2 = 0.4[\mu F]$

$C_2 = \dfrac{\varepsilon_2 S}{d} = \dfrac{10\varepsilon_0 S}{\dfrac{d}{2}} = 20 \cdot \dfrac{\varepsilon_0 S}{d} = 20 \times 0.2 = 4[\mu F]$

$C_0 = \dfrac{C_1 \cdot C_2}{C_1 + C_2} = \dfrac{0.4 \times 4}{0.4 + 4} = 0.36[\mu F]$

정답 ②

13-2

한 변의 길이가 500[mm]인 정사각형 평행 평판 2장이 10[mm] 간격으로 높여 있고 그림과 같이 유전율이 다른 2개의 유전체로 채워진 경우 합성용량은 약 몇 [pF]인가?

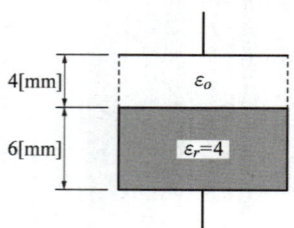

① 402
② 922
③ 2,028
④ 4,228

정답&해설

해설 직렬합성용량

면적 $S = (500 \times 10^{-3}) \times (500 \times 10^{-3}) = 0.25 [m^2]$

간격 $d_1 = 4 \times 10^{-3} [m]$

간격 $d_2 = 6 \times 10^{-3} [m]$

$C_1 = \dfrac{\varepsilon_0 S}{d_1} = \dfrac{8.855 \times 10^{-12} \times 0.25}{4 \times 10^{-3}}$

$\quad = 553.4 \times 10^{-12} [F] = 553.4 [pF]$

$C_2 = \dfrac{\varepsilon_0 \varepsilon_r S}{d_2} = \dfrac{8.855 \times 10^{-12} \times 4 \times 0.25}{6 \times 10^{-3}}$

$\quad = 1,475.8 \times 10^{-12} [F] = 1,475.8 [pF]$

$C_0 = \dfrac{553.4 \times 1,475.8}{553.4 + 1,475.8} = 402.5 [pF]$

정답 ①

14 정전에너지

$$W = \frac{1}{2}CV^2 [\text{J}]$$

14-1

1[kV]로 충전된 어떤 콘덴서의 정전에너지가 1[J]일 때, 이 콘덴서의 크기는 몇 [μF]인가?

① 2
② 4
③ 6
④ 8

난이도 ☆☆☆ 복습 ☐☐☐☐☐

▲ 바로 보기

정답&해설

해설 C를 기준으로 정리하면
$C = 2 \cdot \dfrac{W}{V^2}$ [F]이다. $W = 1$[J], $V = 1$[kV] $= 1 \times 10^3$ [V]이므로
$C = 2 \cdot \dfrac{1}{(1 \times 10^3)^2} = 2 \times 10^{-6}$ [F] $= 2[\mu\text{F}]$

정답 ①

15 분극의 세기

- 전극과 접하는 유전체 표면의 단위면적당 전하밀도 즉, 면전하밀도와 같다(P = 면전하밀도 σ [C/m²]).
- $P = \varepsilon_0(\varepsilon_s - 1)E$ [C/m²]
- 분극률 $x = \varepsilon_0(\varepsilon_s - 1)$
- $P = D - \varepsilon_0 E = D - \dfrac{D}{\varepsilon_s}$

  $= D\left(1 - \dfrac{1}{\varepsilon_s}\right)$ [C/m²]
- $D = \varepsilon E = \varepsilon_0 \varepsilon_s E$ [C/m²]
- $E = \dfrac{D}{\varepsilon} = \dfrac{D}{\varepsilon_0 \varepsilon_s}$ [V/m]

15-1

반지름 a [m]인 도체구에 전하 Q [C]를 주었다. 도체구를 둘러싸고 있는 유전체의 유전율이 ε_s인 경우 경계면에 나타나는 분극 전하는 몇 [C/m²]인가?

① $\dfrac{Q}{4\pi a^2}(1 - \varepsilon_s)$
② $\dfrac{Q}{4\pi a^2}(\varepsilon_s - 1)$
③ $\dfrac{Q}{4\pi a^2}\left(1 - \dfrac{1}{\varepsilon_s}\right)$
④ $\dfrac{Q}{4\pi a^2}\left(\dfrac{1}{\varepsilon_s} - 1\right)$

▶ 정답&해설

해설 $P = \varepsilon_0(\varepsilon_s - 1)\dfrac{Q}{4\pi\varepsilon_0\varepsilon_s a^2} = \dfrac{Q}{4\pi\varepsilon_s a^2}(\varepsilon_s - 1)$

$= \dfrac{Q}{4\pi\varepsilon_s a^2}\varepsilon_s\left(1 - \dfrac{1}{\varepsilon_s}\right) = \dfrac{Q}{4\pi a^2}\left(1 - \dfrac{1}{\varepsilon_s}\right)$ [C/m²]이다.

정답 ③

16 자화의 세기

- 자성체 단면의 단위면적에 발생하는 자기량
  $$J = \frac{m}{S} = \frac{M}{V} = \mu_0(\mu_s - 1)H\,[\text{Wb/m}^2]$$
- 자화율 $x = \mu_0(\mu_s - 1)$
  - m : 자기량[Wb]
  - M : 자기모멘트
  - V : 자성체 부피

  $$J = B - \mu_0 H = B - \frac{B}{\mu_s} = B\left(1 - \frac{1}{\mu_s}\right)[\text{Wb/m}^2]$$
- $B = \mu H = \mu_0 \mu_s H\,[\text{Wb/m}^2]$
- $H = \dfrac{B}{\mu} = \dfrac{B}{\mu_0 \mu_s}\,[\text{AT/m}]$

16-1

비투자율 350인 환상철심 중의 평균 자계의 세기가 280[AT/rmm]일 때 자화의 세기는 약 몇[Wb/m²]인가?

① 0.12　　② 0.15
③ 0.18　　④ 0.21

▲ 바로 보기

▶ **정답&해설**

해설 자화의 세기
- $\mu_0 = 4\pi \times 10^{-7}\,[\text{H/m}]$
- $\mu_s = 350$
- $H = 342\,[\text{AT/m}]$
- $J = 4\pi \times 10^{-7} \times (350 - 1) \times 342 = 0.15\,[\text{Wb/m}^2]$

정답 ②

난이도 ☆☆☆　　복습 □□□□□

16-2

길이 l[m], 지름 d[m]인 원통이 길이 방향으로 균일하게 자화되어 자화의 세기가 J[Wb/m²]인 경우 원통 양단에서의 전자극의 세기[Wb]는?

① $\pi d^2 J$
② $\pi d J$
③ $\dfrac{4J}{\pi d^2}$
④ $\dfrac{\pi d^2 J}{4}$

난이도 ☆☆☆　　**복습** □□□□□

▲ 바로 보기

▶ **정답&해설**

해설 자화의 세기

$$J = \frac{m}{S} \text{[Wb/m²]}$$

- m : 자성체(원통) 단면에 발생된 자기량, 즉 전자극의 세기[Wb]
- S : 자성체(원통)의 단면적[m²] $= \pi r^2 = \pi \left(\dfrac{d}{2}\right)^2 = \dfrac{\pi d^2}{4}$ [m²]

$m = S \cdot J = \dfrac{\pi d^2 J}{4}$ [Wb]

정답 ④

17 두 유전체 경계면에서 전속밀도와 전계의 경계조건

- 경계면에 유입되는 전계의 유출되는 전계의 수평성분은 서로 같다.
- 경계면에 유입되는 전속밀도와 유출되는 전속밀도의 수직성분은 서로 같다.
  - $E_1 \sin\theta_1 = E_2 \sin\theta_2$
  - $D_1 \cos\theta_1 = D_2 \cos\theta_2$
  - $\varepsilon_2 \tan\theta_1 = \varepsilon_1 \tan\theta_2$
- 삼각함수

	0°	30°	45°	60°	90°
sin	0	$\frac{1}{2}$	$\frac{\sqrt{2}}{2}$	$\frac{\sqrt{3}}{2}$	1
cos	1	$\frac{\sqrt{3}}{2}$	$\frac{\sqrt{2}}{2}$	$\frac{1}{2}$	0
tan	0	$\frac{1}{\sqrt{3}}$	1	$\sqrt{3}$	∞

난이도 ☆☆☆   복습 □□□□□

17-1

두 종류의 유전율(ε_1, ε_2)을 가진 유전체 경계면에 진전하가 존재하지 않을 때 성립하는 경계조건을 옳게 나타낸 것은? (단, θ_1, θ_2는 각각 유전체 경계면의 법선 벡터와 E_1, E_2가 이루는 각이다)

① $E_1 \sin\theta_1 = E_2 \sin\theta_2$, $D_1 \cos\theta_1 = D_2 \cos\theta_2$, $\dfrac{\tan\theta_1}{\tan\theta_2} = \dfrac{\varepsilon_2}{\varepsilon_1}$

② $E_1 \cos\theta_1 = E_2 \cos\theta_2$, $D_1 \sin\theta_1 = D_2 \sin\theta_2$, $\dfrac{\tan\theta_1}{\tan\theta_2} = \dfrac{\varepsilon_2}{\varepsilon_1}$

③ $E_1 \sin\theta_1 = E_2 \sin\theta_2$, $D_1 \cos\theta_1 = D_2 \cos\theta_2$, $\dfrac{\tan\theta_2}{\tan\theta_1} = \dfrac{\varepsilon_1}{\varepsilon_2}$

④ $E_1 \sin\theta_1 = E_2 \sin\theta_2$, $D_1 \cos\theta_1 = D_2 \cos\theta_2$, $\dfrac{\tan\theta_1}{\tan\theta_2} = \dfrac{\varepsilon_1}{\varepsilon_2}$

▶ 정답&해설

해설

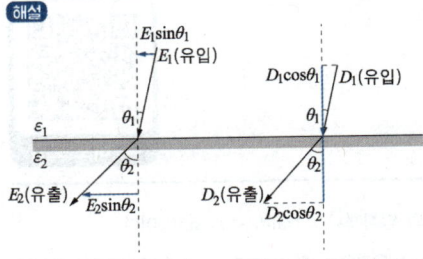

전계의 세기와 전속밀도의 경계조건과 굴절의 법칙에 의해 경계면에 대한 법선성분(수직성분)을 기준으로 할 때의 경계조건은 전계의 세기 $E_1 \sin\theta_1$ (유입)은 $E_2 \sin\theta_2$(유출)와 같고($E_1 \sin\theta_1 = E_2 \sin\theta_2$) 전속밀도 $D_1 \cos\theta_1$ (유입)은 $D_2 \cos\theta_2$(유출)와 같다($D_1 \cos\theta_1 = D_2 \cos\theta_2$).

$\dfrac{E_1 \sin\theta_1}{D_1 \cos\theta_1} = \dfrac{E_2 \sin\theta_2}{D_2 \cos\theta_2} \rightarrow \dfrac{1}{\varepsilon_1} \tan\theta_1 = \dfrac{1}{\varepsilon_2} \tan\theta_2 \rightarrow \dfrac{\tan\theta_1}{\tan\theta_2} = \dfrac{\varepsilon_1}{\varepsilon_2}$

정답 ④

17-2

매질1(ε_1)은 나일론(비유전율 $\varepsilon_s = 4$)이고, 매질2(ε_2)는 진공일 때 전속밀도 D가 경계면에서 각각 θ_1, θ_2의 각을 이룰 때, $\theta_2 = 30°$라면 θ_1의 값은?

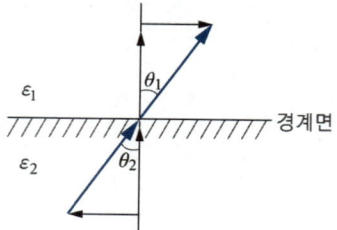

① $\tan^{-1}\dfrac{4}{\sqrt{3}}$
② $\tan^{-1}\dfrac{\sqrt{3}}{4}$
③ $\tan^{-1}\dfrac{\sqrt{3}}{2}$
④ $\tan^{-1}\dfrac{2}{\sqrt{3}}$

정답&해설

해설 유전체 굴절의 법칙에서 $\varepsilon_2\tan\theta_1 = \varepsilon_1\tan\theta_2$이다.
매질1의 유전율 ε_1는 비유전율 ε_s이 4이므로 $\varepsilon_1 = 4\varepsilon_0$ [F/m]이고 매질2의 유전율 ε_2는 진공이므로 $\varepsilon_2 = \varepsilon_0$ [F/m]이고, $\theta_2 = 30°$이므로 $\varepsilon_0\tan\theta_1 = 4\varepsilon_0\tan30°$가 된다.
위 식을 정리하면 $\varepsilon_0\tan\theta_1 = \dfrac{4}{\sqrt{3}}\varepsilon_0$
$\theta_1 = \dfrac{1}{\tan}\dfrac{4}{\sqrt{3}} = \tan^{-1}\dfrac{4}{\sqrt{3}}$이다.

정답 ①

18 유전체 경계면에 작용하는 힘

$$f = \frac{1}{2}ED\,[\text{N/m}^2]$$

- 두 종류의 유전체 경계면에 작용하는 힘
  - 경계면에 전계가 수직으로 입사할 때($\varepsilon_1 > \varepsilon_2$)
  $$f = f_2 - f_1 = \frac{1}{2}\left(\frac{1}{\varepsilon_2} - \frac{1}{\varepsilon_1}\right)D^2\,[\text{N/m}^2]$$
  - 경계면에 전계가 수평으로 입사할 때
  $$f = f_1 - f_2 = \frac{1}{2}(\varepsilon_1 - \varepsilon_2)E^2\,[\text{N/m}^2]$$

난이도 ☆☆☆ **복습** ☐☐☐☐☐

18-1

유전율 ε_1, ε_2인 두 유전체 경계면에서 전계가 경계면에 수직일 때 경계면에 작용하는 힘은 몇 [N/m²]가? (단, $\varepsilon_1 > \varepsilon_2$이다)

① $\left(\dfrac{1}{\varepsilon_2} + \dfrac{1}{\varepsilon_1}\right)D$
② $2\left(\dfrac{1}{\varepsilon_2} + \dfrac{1}{\varepsilon_1}\right)D^2$
③ $\dfrac{1}{2}\left(\dfrac{1}{\varepsilon_2} - \dfrac{1}{\varepsilon_1}\right)D$
④ $\dfrac{1}{2}\left(\dfrac{1}{\varepsilon_2} - \dfrac{1}{\varepsilon_1}\right)D^2$

▲ 바로 보기

▶ 정답&해설

해설 경계면에 작용하는 힘

$$f = f_2 - f_1 = \frac{1}{2}\frac{D^2}{\varepsilon_2} - \frac{1}{2}\frac{D^2}{\varepsilon_1} = \frac{1}{2}\left(\frac{1}{\varepsilon_2} - \frac{1}{\varepsilon_1}\right)D^2\,[\text{N/m}^2]$$

두 유전체의 경계면에서 경계조건 - 전속밀도 D의 수직 성분은 같다.

$f_1 = \dfrac{1}{2}\dfrac{D^2}{\varepsilon_1}\,[\text{N/m}^2]$이고 $f_2 = \dfrac{1}{2}\dfrac{D^2}{\varepsilon_2}\,[\text{N/m}^2]$ 같다.

$\varepsilon_1 > \varepsilon_2$이면 $f_2 > f_1$이다.

정답 ④

18-2

전계 E[V/m]가 두 유전체의 경계면에 평행으로 작용하는 경우 경계면의 단위면적당 작용하는 힘은 몇 [N/m²]인가? (단, ε_1, ε_2는 두 유전체의 유전율이다)

① $f = \dfrac{1}{2}E^2(\varepsilon_1 - \varepsilon_2)$ ② $f = E^2(\varepsilon_1 - \varepsilon_2)$

③ $f = \dfrac{1}{2E^2}(\varepsilon_1 - \varepsilon_2)$ ④ $f = \dfrac{1}{E^2}(\varepsilon_1 - \varepsilon_2)$

▲ 바로 보기

> **정답&해설**

해설 전계가 두 유전체의 경계면에 평행일 때 단위 면적당 작용하는 힘
$f = \dfrac{1}{2}\varepsilon E^2$ [N/m²]

전체 작용하는 힘 $f = f_1 - f_2 (f_1 > f_2)$이다.

$f_1 = \dfrac{1}{2}\varepsilon_1 E^2$ [N/m²]

$f_2 = \dfrac{1}{2}\varepsilon_2 E^2$ [N/m²]

$f = \dfrac{1}{2}\varepsilon_1 E^2 - \dfrac{1}{2}\varepsilon_2 E^2 = \dfrac{1}{2}E^2(\varepsilon_1 - \varepsilon_2)$ [N/m²]

정답 ①

19 두 자성체 경계면에서 자속밀도와 자계의 조건

- 경계면에 유입되는 자계와 유출되는 전계의 수평 성분은 서로 같다.
- 경계면에 유입되는 자속밀도와 유출되는 자속밀도의 수직성분은 서로 같다.

$$H_1 \sin\theta_1 = H_2 \sin\theta_2$$
$$B_1 \cos\theta_1 = B_2 \cos\theta_2$$
$$\mu_2 \tan\theta_1 = \mu_1 \tan\theta_2$$

19-1

투자율 μ_1 및 μ_2인 두 자성체의 경계면에서 자력선의 굴절 법칙을 나타낸 식은?

① $\dfrac{\mu_1}{\mu_2} = \dfrac{\sin\theta_1}{\sin\theta_2}$ ② $\dfrac{\mu_1}{\mu_2} = \dfrac{\sin\theta_2}{\sin\theta_1}$

③ $\dfrac{\mu_1}{\mu_2} = \dfrac{\tan\theta_1}{\tan\theta_2}$ ④ $\dfrac{\mu_1}{\mu_2} = \dfrac{\tan\theta_2}{\tan\theta_1}$

해설 $\mu_2 \tan\theta_1 = \mu_1 \tan\theta_2$

$\dfrac{\mu_1}{\mu_2} = \dfrac{\tan\theta_1}{\tan\theta_2}$

정답 ③

20 전기영상법에 의한 영향력

- 평면도체와 거리 a[m]만큼 떨어진 점전하 사이에 작용하는 힘

$$F = QE = -Q\frac{Q}{4\pi\varepsilon(2a)^2} = -\frac{Q^2}{16\pi\varepsilon a^2} \text{[N]}$$

- 평면도체와 거리 a[m]만큼 떨어진 선전하 사이에 작용하는 힘

$$F = \lambda E = -\lambda\frac{\lambda}{2\pi\varepsilon(2a)} = -\frac{\lambda^2}{4\pi\varepsilon a} \text{[N]}$$

20-1
점전하 Q[C]에 의한 무한 평면도체의 영상전하는?

① $-Q$[C]보다 작다.   ② Q[C]보다 크다.
③ $-Q$[C]와 같다.   ④ Q[C]와 같다.

정답&해설

해설 무한 평면도체의 영상전하는 점전하와 크기가 같고 평면도체를 기준으로 방향이 반대이기 때문에 영상전하는 $-Q$[C]와 같다.

정답 ③

20-2

무한 평면 도체표면에 수직거리 d[m] 떨어진 곳에 점전하 $+Q$[C]이 있을 때 영상전하와 평면도체 간에 작용하는 힘 F[N]은 어느 것인가?

① $\dfrac{Q}{4\pi\varepsilon_0 d^2}$, 반발력 ② $\dfrac{Q^2}{4\pi\varepsilon_0 d^2}$, 흡입력

③ $\dfrac{Q}{8\pi\varepsilon_0 d^2}$, 반발력 ④ $\dfrac{Q^2}{16\pi\varepsilon_0 d^2}$, 흡입력

정답&해설

해설 $F = \dfrac{Q \times (-Q)}{4\pi\varepsilon_0 (2d)^2} = -\dfrac{Q^2}{16\pi\varepsilon_0 d^2}$ [N]

무한 평면 도체표면에 작용하는 힘은 전기 영상법에 의해 거리 d가 2배가 된다. 점전하($+Q$)와 영상전하($-Q$)에 작용하는 힘은 흡입력이다.

정답 ④

20-3
대지면에 높이 h[m]로 평행하게 가설된 매우 긴 선전하가 지면으로부터 받는 힘은?

① h에 비례
② h에 반비례
③ h^2에 비례
④ h^2에 반비례

정답&해설

해설 무한평면과 선전하 간의 작용력

$$f = -\frac{\lambda^2}{4\pi\varepsilon_0 h} \text{[N/m]}$$

높이 h는 선전하가 지면으로부터 받은 힘과 반비례관계이다.

정답 ②

21 저항과 정전용량

- $R = \rho \dfrac{l}{S} = \dfrac{l}{\sigma S}[\Omega]$
  - ρ : 저항율, 고유저항
  - σ : 도전율
- $C = 4\pi\varepsilon a[\text{F}]$
- $RC = \varepsilon\rho = \dfrac{\varepsilon}{\sigma}$

21-1

반지름 $a[\text{m}]$의 반구형 도체를 대지표면에 그림과 같이 묻었을 때 접지저항 $r[\Omega]$은? (단, $\rho[\Omega \cdot \text{m}]$는 대지의 고유저항이다)

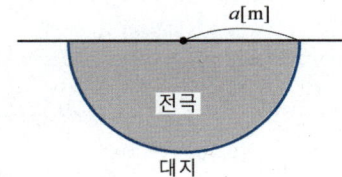

① $\dfrac{\rho}{2\pi a}$ ② $\dfrac{\rho}{4\pi a}$

③ $2\pi a\rho$ ④ $4\pi a\rho$

정답&해설

해설 구도체의 정전용량

반구도체의 정전용량 $C_h = \dfrac{C_0}{2} = \dfrac{4\pi\varepsilon a}{2}[\text{F}] = 2\pi\varepsilon a[\text{F}]$

$R = \dfrac{\rho\varepsilon}{C_h} = \dfrac{\rho\varepsilon}{2\pi\varepsilon a} = \dfrac{\rho}{2\pi a}[\Omega]$

정답 ①

21-2

비유전율 $\varepsilon_s = 2.2$, 고유저항 $\rho = 10^{11}[\Omega \cdot m]$인 유전체를 넣은 콘덴서의 용량이 200[μF]이었다. 여기에 500[kV] 전압을 가하였을 때 누설전류는 약 몇 [A]인가?

① 4.2
② 5.1
③ 51.3
④ 61.0

난이도 ☆☆☆　복습 □□□□□

정답 & 해설

해설 $I = \dfrac{V}{R}$[A], $R = \dfrac{\rho\varepsilon}{C}$

$V = 500[kV] = 500 \times 10^3 [V]$

$R = \dfrac{10^{11} \times 8.855 \times 10^{-12} \times 2.2}{200 \times 10^{-6}} = 9{,}740.5[\Omega]$

$I = \dfrac{500 \times 10^3}{9{,}740.5} = 51.3[A]$

정답 ③

빈출특강

22 자계의 세기

- 무한히 긴 원통 도선 외부의 자계의 세기($r > a$)

$$H = \frac{I}{l} = \frac{I}{2\pi r} \text{ [AT/m]}$$

- 무한히 긴 원통 도선 표면의 자계의 세기($r = a$)

$$H = \frac{I}{l} = \frac{I}{2\pi a} \text{ [AT/m]}$$

- 무한히 긴 원통 도선 내부의 자계의 세기($r < a$)

$$H' = \frac{Ir}{2\pi a^2} \text{ [AT/m]}$$

- 원형코일 중심 축상의 자계의 세기

$$H = \frac{I}{2a} \text{ [AT/m]}$$

난이도 ☆☆☆   복습 ☐☐☐☐☐

22-1

무한한 직선 전류에 의한 자계의 세기[AT/m]는?

① 거리 r에 비례한다.
② 거리 r^2에 비례한다.
③ 거리 r에 반비례한다.
④ 거리 r^2에 반비례한다.

▲ 바로 보기

▶ 정답&해설

[해설] 무한히 긴 직선전류에 의한 자계의 세기($r > a$)

$$H = \frac{I}{l} = \frac{I}{2\pi r} \text{ [AT/m]}$$

거리 r에 반비례한다.

[정답] ③

CHAPER 01 전기자기학   59

22-2

그림과 같이 반지름 10[cm]인 반원과 그 양단으로부터 직선으로 된 도선에 10[A]의 전류가 흐를 때, 중심 0에서의 자계의 세기와 방향은?

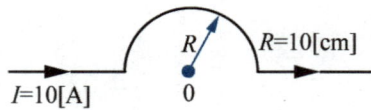

① 2.5[AT/m], 방향 ⊙
② 25[AT/m], 방향 ⊙
③ 2.5[AT/m], 방향 ⊗
④ 25[AT/m], 방향 ⊗

▲ 바로 보기

▶ 정답&해설

[해설] 원형코일 중심 자계의 세기

$$H = \frac{I}{2a} \text{[AT/m]}$$

그림은 반원이기 때문에 반원의 자계의 세기는
$H_h = \frac{I}{2a} \times \frac{1}{2} = \frac{I}{4a}$ [AT/m]이다.

• 반지름 $a = 10$[cm], 전류 $I = 10$[A]

$H_h = \frac{10}{4 \times 10 \times 10^{-2}} = 25$[AT/m]

자계의 방향은 앙페르 오른나사 법칙에 의해 안쪽으로 들어가는 방향인 ⊗로 표시한다.

[정답] ④

22-3

무한장 직선도체가 있다. 이 도체로부터 수직으로 0.1[m] 떨어진 점의 자계의 세기가 180[AT/m]이다. 이 도체로부터 수직으로 0.3[m] 떨어진 점의 자계의 세기 [AT/m]는?

① 20　　　　　② 60
③ 180　　　　　④ 540

정답&해설

해설 무한장 직선도체의 자계의 세기

$$H = \frac{I}{2\pi r} \text{[AT/m]}$$

$r = 0.1$[m]일 때 $H = \frac{I}{2\pi} \times \frac{1}{0.1} = 180$[AT/m]이므로 $\frac{I}{2\pi} = 18$의 값을 갖는다.

$r = 0.3$[m]일 때 $H' = \frac{I}{2\pi} \times \frac{1}{0.3} = 18 \times \frac{1}{0.3} = 60$[AT/m]이다.

정답 ②

23 솔레노이드에 의한 자계의 세기

- 유한길이의 솔레노이드
$$H = \frac{NI}{l} [AT/m]$$
- 무한히 긴 솔레노이드 외부의 자계의 세기는 0이고 내부의 자계는 평등자계이다.
- 환상솔레노이드
$$H = \frac{NI}{2\pi r} [AT/m]$$

23-1

무한장 솔레노이드에 전류가 흐를 때 발생되는 자계에 관한 설명으로 옳은 것은?

① 외부와 내부 자계의 세기는 같다.
② 내부 자계의 세기는 0이다.
③ 외부 자계는 평등 자계이다.
④ 내부 자계는 평등 자계이다.

▶ 정답&해설

해설 무한장 솔레노이드의 외부의 자계의 세기는 0이고 내부의 자계의 세기는 평등자계이다.

정답 ④

23-2

철심을 넣은 환상 솔레노이드의 평균 반지름은 20[cm]이다. 코일에 10[A]의 전류를 흘려 내부자계의 세기를 2,000[AT/m]로 하기위한 코일의 권수는 약 몇 회인가?

① 200
② 250
③ 300
④ 350

정답&해설

해설 환상 솔레노이드의 내부 자계의 세기

$$H = \frac{NI}{2\pi r} \text{[AT/m]}$$

- $r = 20\text{[cm]} = 20 \times 10^{-2}\text{[m]}$
- $I = 10\text{[A]}$
- $H = 2,000\text{[AT/m]}$

코일 권수 N을 기준으로 정리하면

$$N = \frac{2\pi r \cdot H}{I} = \frac{2\pi \times 20 \times 10^{-2} \times 2,000}{10} = 251.33 \fallingdotseq 250\text{[회]}$$

정답 ②

24 자기저항

- $R_m = \dfrac{l}{\mu S} = \dfrac{F_m}{\varnothing}$ [AT/Wb]

  (기자력 $F_m = NI$[AT])

- 자기저항 $R_m = \dfrac{l}{\mu S} = \dfrac{F_m}{\varnothing} = \dfrac{F_m}{\dfrac{\mu SNI}{l}}$

  $= \dfrac{F_m l}{\mu SNI}$ [AT/Wb]

- 비례 : 자로의 길이, 기자력
- 반비례 : 투자율, 면적, 권수비, 전류, 자속밀도, 자계의세기

24-1

어떤 막대꼴 철심이 있다. 단면적이 0.5[m²], 길이가 0.8[m], 비투자율이 200이다. 이 철심의 자기 저항[AT/Wb]은?

① 6.37×10^4 ② 4.45×10^4
③ 3.67×10^4 ④ 1.76×10^4

난이도 ☆☆☆   **복습** □□□□□

정답&해설

해설 자기저항

$$R_m = \dfrac{l}{\mu S} = \dfrac{l}{\mu_s \mu_0 S}$$

$R_m = \dfrac{0.8}{20 \times 4\pi \times 10^{-7} \times 0.5} = 6.37 \times 10^4$ [AT/Wb]

정답 ①

25 자속

$$\varnothing = BS = \mu HS = \frac{\mu SNI}{l} \text{[Wb]}$$

난이도 ☆☆☆   복습 □□□□□

25-1

자기회로의 자기저항에 대한 설명으로 옳은 것은?

① 투자율에 반비례한다.
② 자기회로의 단면적에 비례한다.
③ 자기회로의 길이에 반비례한다.
④ 단면적에 반비례하고, 길이의 제곱에 비례한다.

▶ 정답&해설

[해설] 자기저항
투자율에 반비례한다.

[정답] ①

26 인덕턴스

- 자기인덕턴스

$$L = \frac{N\emptyset}{I} = \frac{N}{I} \times \frac{\mu SNI}{l} = \frac{\mu SN^2}{l} \,[H]$$

- 상호인덕턴스

$$M = \frac{N_1 \emptyset_2}{I_2} = \frac{N_2 \emptyset_1}{I_1} = k\sqrt{L_1 L_2} \,[H]$$

- 권수비

$$a = \frac{N_1}{N_2} = \sqrt{\frac{L_1}{L_2}}$$

- 동축케이블 단위길이당 인덕턴스

$$L = \frac{\mu}{2\pi} \ln \frac{b}{a} \,[H/m]$$

  - a : 내부도체반지름
  - b : 외부도체반지름

- 원통도체 내부 인덕턴스

$$L = \frac{\mu l}{8\pi} \,[H]$$

26-1

그림과 같이 단면적 $S = 10\,[cm^2]$, 자로의 길이 $l = 20\pi\,[cm]$, 비투자율 $\mu_s = 1{,}000$인 철심에 $N_1 = N_2 = 100$인 두 코일을 감았다. 두 코일사이의 상호인덕턴스는 몇 [mH]인가?

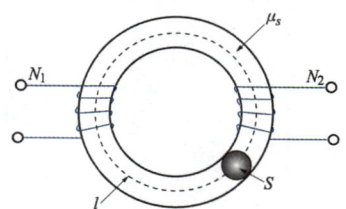

① 0.1
② 1
③ 2
④ 20

정답&해설

해설 $M = \dfrac{N_2 \emptyset_1}{I_1}$

$N_1 M = \dfrac{N_2 \emptyset_1}{I_1} N_1 = N_2 \dfrac{N_1 \emptyset_1}{I_1}$

$N_1 M = N_2 L_1$

$M = \dfrac{N_2}{N_1} L_1$

$(N_1 = N_2)$이면

$M = L_1 = \dfrac{\mu SN^2}{l} \,[H]$

- $\mu_0 = 4\pi \times 10^{-7}\,[H/m]$, $\mu_s = 1{,}000\,[H/m]$, $S = 10 \times 10^{-4}\,[m^2]$
- $N_1 = N_2 = 100\,[회]$, $l = 20\pi \times 10^{-2}\,[m]$

$M = \dfrac{4\pi \times 10^{-7} \times 1{,}000 \times 10 \times 10^{-4} \times 100 \times 100}{20\pi \times 10^{-2}}$

$= 20 \times 10^{-3}\,[H] = 20\,[mH]$

정답 ④

26-2

환상철심에 권수 100회인 A 코일과 권수 400회인 B 코일이 있을때 A 의 자기인덕턴스가 4[H]라면 두 코일의 상호인덕턴스는 몇 [H]인가?

① 16　　　　② 12
③ 8　　　　　④ 4

난이도 ☆☆☆　　**복습** ☐☐☐☐☐

정답&해설

해설　$M = \dfrac{N_B \varnothing_A}{I_A} = \dfrac{N_A \varnothing_B}{I_B} = \dfrac{N_B}{N_A} L_A = \dfrac{N_A}{N_B} L_B$

$N_A = 100$, $N_B = 400$, $L_A = 4$[H]

$M = \dfrac{400}{100} \times 4 = 16$[H]

정답 ①

26-3

내부도체 반지름이 10[mm], 외부도체의 내반지름이 20[mm]인 동축케이블에서 내부도체 표면에 전류 I가 흐르고, 얇은 외부도체에 반대 방향인 전류가 흐를 때 단위 길이당 외부 인덕턴스는 약 몇 [H/m]인가?

① 0.27×10^{-7}
② 1.37×10^{-7}
③ 2.03×10^{-7}
④ 2.78×10^{-7}

난이도 ☆☆☆ **복습** □□□□□

정답 & 해설

해설 전류가 균일하게 흐르는 원통형 도선의 외부 인덕턴스

$L = \dfrac{\mu_0}{2\pi} \ln \dfrac{b}{a}$ [H/m]

내부도체 반지름 $a = 10$[mm], 외부도체 반지름 $b = 20$[mm]

$L = \dfrac{\mu_0}{2\pi} \ln \dfrac{b}{a} = \dfrac{4\pi \times 10^{-7}}{2\pi} \ln \dfrac{20 \times 10^{-3}}{10 \times 10^{-3}} = 1.39 \times 10^{-7}$ [H/m]

정답 ②

26-4

지름 2[mm], 길이 25[m]인 동선의 내부 인덕턴스는 몇 [μH]인가?

① 1.25
② 2.5
③ 5.0
④ 25

난이도 ☆☆☆ **복습** ☐☐☐☐☐

 ▲ 바로 보기

▶ 정답&해설

해설 동선(원통도체)의 인덕턴스

$L = \dfrac{\mu l}{8\pi}$ [H]

- 공기 중 투자율 $\mu_0 = 4\pi \times 10^{-7}$ [H/m]
- 길이 $l = 25$ [m]

$L = \dfrac{4\pi \times 10^{-7} \times 25}{8\pi} = 1.25 \times 10^{-6}$ [H] $= 1.25$ [μH]

정답 ①

27 표피효과(침투깊이)

$$\delta = \sqrt{\frac{2}{\omega\sigma\mu}} = \frac{1}{\sqrt{\pi f \sigma \mu}} = \sqrt{\frac{\rho}{\pi f \mu}} \text{ [m]}$$

- 비례 : 저항율
- 반비례 : 각속도, 주파수, 도전율, 투자율

27-1

다음 중 금속에서의 침투깊이에 대한 설명으로 옳은 것은?

① 같은 금속을 사용할 경우 전자파의 주파수를 증가시키면 침투깊이가 증가한다.
② 같은 주파수의 전자파를 사용할 경우 전도율이 높은 금속을 사용하면 침투깊이가 감소한다.
③ 같은 주파수의 전자파를 사용할 경우 투자율 값이 작은 금속을 사용하면 침투깊이가 감소한다.
④ 같은 금속을 사용할 경우 어떤 전자파를 사용하더라도 침투깊이는 변하지 않는다.

정답&해설

해설 침투 깊이

$$\delta = \sqrt{\frac{2}{\omega\sigma\mu}} = \frac{1}{\sqrt{\pi f \sigma \mu}} = \sqrt{\frac{\rho}{\pi f \mu}} \text{ [m]}$$

- f : 주파수[Hz]
- σ : 전도율[1/Ω·m]
- μ : 투자율[H/m]

침투 깊이 δ와 주파수 f, 전도율 σ은 반비례 관계로 주파수가 같고 전도율이 높은 경우 침투 깊이는 감소한다.

정답 ②

28 파동 임피던스

$$Z_0 = \frac{E}{H} = \sqrt{\frac{\mu}{\varepsilon}} = 120\pi\sqrt{\frac{\mu_s}{\varepsilon_s}} = 377\sqrt{\frac{\mu_s}{\varepsilon_s}}$$

28-1

최대 전계 $E_m = 6[\text{V/m}]$인 평면 전자파가 수중을 전파할 때 자계의 최대치는 약 몇 $[\text{AT/m}]$인가? (단, 물의 비유전율 $\varepsilon_s = 80$, 비투자율 $\mu_s = 1$이다)

① 0.071 ② 0.142
③ 0.284 ④ 0.426

해설 파동 임피던스

$$Z_0 = \frac{E}{H} = \frac{E_m}{H_m} = \sqrt{\frac{\mu}{\varepsilon}}$$

$$H_m = E_m \cdot \sqrt{\frac{\varepsilon}{\mu}} = E_m\sqrt{\frac{\varepsilon_s \varepsilon_0}{\mu_s \mu_0}} = 6 \times \sqrt{\frac{80 \times 8.855 \times 10^{-12}}{1 \times 4\pi \times 10^{-7}}}$$

$$= 0.142[\text{AT/m}]$$

정답 ②

29 전파속도

$$v = \frac{1}{\sqrt{\mu\varepsilon}} = 3\times 10^8 \frac{1}{\sqrt{\mu_s\varepsilon_s}} \text{[m/s]}$$

29-1

비유전율 $\varepsilon_r = 6$, 비투자율 $\mu_r = 1$, 도전율 $\sigma = 0$인 유전체 내에서의 전자파의 전파속도는 약 몇 [m/s]인가?

① 1.22×10^8 ② 1.22×10^7
③ 1.22×10^6 ④ 1.22×10^5

▶ 정답 & 해설

해설 전파속도

$$v = \frac{1}{\sqrt{8.855\times 10^{-12} \times 6 \times 4\pi \times 10^{-7} \times 1}} = 1.22\times 10^8 \text{[m/s]}$$

정답 ①

CHAPTER 2 전력공학

01 수력발전

- 높은 곳에 있는 물의 위치 에너지를 이용해서 수차를 회전시켜 수차와 연결되어있는 터빈을 회전시켜 전력을 얻는 방식
- 낙차를 얻어 발전하는 방법
  - 수로식, 댐식, 댐수로식, 유역변경식
- 유량을 얻어 발전하는 방법
  - 유입식, 조정지식, 저수지식, 양수식

01-1

수력 발전소를 건설할 때 낙차를 취하는 방법으로 적합하지 않은 것은?

① 수로식   ② 댐식
③ 유역변경식   ④ 역조정지식

정답&해설

해설 역조정지식은 유량을 조정하기 위한 방식이다.

정답 ④

01-2

수력발전소의 분류 중 낙차를 얻는 방법에 의한 분류 방법이 아닌 것은?

① 댐식 발전소
② 수로식 발전소
③ 양수식 발전소
④ 유역 변경식 발전소

난이도 ☆☆☆   **복습** □□□□□

▶ **정답&해설**

해설 양수식 발전소는 물을 인위적으로 높은 위치로 옮겨 낮은 곳으로 흐르게 하며 낙차를 얻는 방법으로 댐식, 수로식, 유역 변경식 발전소와는 낙차를 얻는 방법이 다르다.

정답 ③

02 수차

- 물이 가지는 에너지를 기계적으로 바꾸어 변화시키는 발전설비
- 수차의 종류

수차 형태	수차 종류		적용 낙차 범위[m]
충동형	펠톤 수차		200 ~ 1,800
반동형	프란시스 수차		50 ~ 530
	프로펠러 수차	고정 날개형	3 ~ 90
		카플란 수차	
		튜블러 수차	3 ~ 20
	사류 수차		40 ~ 200
	펌프 수차	프란시스형	30 ~ 600
		사류형	20 ~ 180
		프로펠러형	20 이하

02-1

수력 발전소에서 사용되는 수차 중 15[m] 이하의 저낙차에 적합하여 조력 발전용으로 알맞은 수차는?

① 카플란 수차 ② 펠톤 수차
③ 프란시스 수차 ④ 튜블러 수차

▲ 바로 보기

정답&해설

해설 튜블러 수차(= 반통형 수차)는 수력발전을 하는데 있어 15[m] 이하의 저낙차에 적합한 수차로 조수간만의 수위차를 이용한 조력발전에 용이하다.

정답 ④

03 흡출관

- 유효 낙차를 늘리기 위해 사용하는 것으로 반동수차에 필요하다.
- 캐비케이션 현상(공동현상)
  - 수차 표면에 물방울이 발생하므로 인해서 효율저하, 진동, 소음 부식 등으로 수차에 큰 해를 끼치는 현상
- 캐비케이션 방지책
  - 수차의 비속도(특유속도)를 작게 한다.
  - 흡출관(흡출수도)의 높이를 낮게 한다.
  - 침식에 대하여 강한 재료를 사용한다.
  - 수차의 경부하 운전을 하지 않는다.
  - 수차의 회전속도를 적게 한다.

03-1

수차를 돌리고 나온 물이 흡출관을 통과할 때 흡출관의 중심부에 진공상태를 형성하는 현상은?

① racing　　② jumping
③ hunting　　④ cavitation

▲ 바로 보기

정답&해설

해설 물이 고속으로 이동하면서 압력으로 인한 진공상태를 형성하게 되는데 이러한 현상을 cavitation(공동현상)이라고 한다.

정답 ④

03-2

수력발전설비에서 흡출관을 사용하는 목적으로 옳은 것은?

① 압력을 줄이기 위하여
② 유효낙차를 늘리기 위하여
③ 속도변동률을 적게 하기 위하여
④ 물의 유선을 일정하게 하기 위하여

> **정답&해설**

해설 흡출관은 중·저낙차에서 유효낙차를 늘려 출력을 높이기 위해 사용된다.

정답 ②

04 조속기

- 발전기 부하의 증감에 따라 유입구의 개도를 조정하여 수차의 속도를 일정하게 유지시키는 장치
- 너무 예민하면 탈조현상이 일어난다.

04-1

회전속도의 변화에 따라서 자동적으로 유량을 가감하는 것은?

① 예열기　　② 급수기
③ 여자기　　④ 조속기

▲ 바로 보기

정답&해설

해설 수력 발전기에서 회전속도를 감지하여 자동적으로 유량을 가감하는 장치를 조속기라 한다.

정답 ④

04-2

수차의 조속기가 너무 예민하면 어떤 현상이 발생되는가?

① 전압 변동률이 작게 된다.
② 수압 상승률이 크게 된다.
③ 속도 변동률이 작게 된다.
④ 탈조를 일으키게 된다.

▲ 바로 보기

정답&해설

해설 수차의 조속기가 너무 예민하면 동기속도에서 벗어나 운전이 불가능한 상태인 탈조를 일으킬 가능성이 높다.

정답 ④

05 수력발전기 출력

$$P_g = 9.8QH\eta_t\eta_g \text{[kW]}$$

- Q : 유량[m³/s]
- H : 유효낙차[m]
- η_t : 슈차 효율
- η_g : 발전기 효율

05-1

유효낙차 100[m], 최대사용수량 20[m³/s], 수차효율 70[%]인 수력발전소의 연간 발전전력량은 약 몇 [kWh]인가? (단, 발전기의 효율은 85[%]라고 한다)

① 10×10^8
② 20×10^8
③ 10×10^7
④ 20×10^7

▲ 바로 보기

정답&해설

해설 수력발전소 전력량

연간 발전전력량 $P_{연간} = P \times 24$시간$\times 365$일[kWh]

- 유량 $Q = 20$[m³/s]
- 유효낙차 $H = 100$[m]
- 수차효율 $\eta_t = 70[\%] = 0.7$
- 발전기효율 $\eta_g = 85[\%] = 0.85$

$P_{연간} = 9.8 \times 20 \times 100 \times 0.7 \times 0.85 \times 24 \times 365 = 10 \times 10^7$ [kWh]

정답 ③

05-2

총 낙차 300[m], 사용수량 20[m³/s]인 수력발전소의 발전기 출력은 약 몇 [kW]인가? (단, 수차 및 발전기효율은 각각 90[%], 98[%]라하고, 손실낙차는 총 낙차의 6[%]라고 한다)

① 48,750
② 51,860
③ 54,170
④ 54,970

정답 & 해설

[해설] 수력발전소의 발전기 출력
- 유량 $Q = 20[\text{m}^3/\text{s}]$
- 유효낙차 $H = $ 총 낙차 $-$ 손실낙차 $= 300 - (300 \times 0.06) = 282[\text{m}]$
- 수차효율 $\eta_t = 90[\%] = 0.9$
- 발전기효율 $\eta_g = 98[\%] = 0.98$

$P = 9.8 \times 20 \times 282 \times 0.9 \times 0.98 = 48{,}750[\text{kW}]$

[정답] ①

06 화력발전

- 화석연료가 가진 열을 이용하여 물을 가열 후 발생한 증기를 발생시켜 터빈을 회전시켜 전력을 얻는 방식
- 재생재열싸이클(열효율이 가장 좋은)

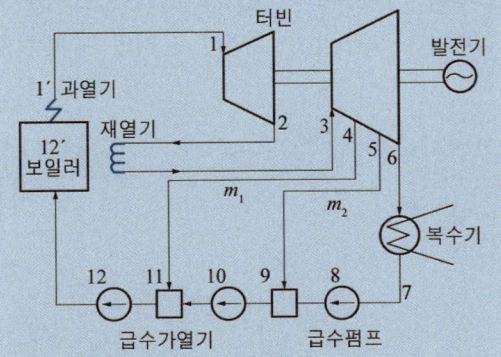

- 급수순서
  급수 → 보일러 → 과열기 → 터빈 → 재열기 → 복수기
- 보일러 설비
  - 절탄기 : 보일러 급수를 가열하는 장치
  - 재열기 : 터빈에서 사용된 증기를 재사용 가능한 온도로 재가열하는 장치

06-1

일반적으로 화력발전소에서 적용하고 있는 열사이클 중 가장 열효율이 좋은 것은?

① 재생 사이클 ② 랭킨 사이클
③ 재열 사이클 ④ 재생재열 사이클

▲ 바로 보기

▶ 정답&해설

해설 열 사이클 중 가장 열효율이 좋은 것은 재생 사이클 방식과 재열 사이클 방식을 복합한 재생재열 사이클 방식이다.

정답 ④

06-2

화력발전소에서 절탄기의 용도는?

① 보일러에 공급되는 급수를 예열한다.
② 포화증기를 과열한다.
③ 연소용 공기를 예열한다.
④ 석탄을 건조한다.

06-3

화력발전소에서 증기 및 급수가 흐르는 순서는?

① 절탄기 → 보일러 → 과열기 → 터빈 → 복수기
② 보일러 → 절탄기 → 과열기 → 터빈 → 복수기
③ 보일러 → 과열기 → 절탄기 → 터빈 → 복수기
④ 절탄기 → 과열기 → 보일러 → 터빈 → 복수기

▶ 정답&해설

해설 절탄기는 보일러에 공급되는 급수를 예열하는 용도로 사용된다.

정답 ①

▶ 정답&해설

해설 화력발전소 증기 및 급수 순서
1. 절탄기 : 급수 가열
2. 보일러 : 물을 가열하여 수증기 발생
3. 과열기 : 증기 과열
4. 터빈 : 과열된 증기로 터빈이 돌아가면서 발전
5. 복수기 : 증기의 열을 뺏어 다시 물로 환원시킨다.

정답 ①

06-4

화력발전소에서 재열기의 사용 목적은?

① 증기를 가열한다.
② 공기를 가열한다.
③ 급수를 가열한다.
④ 석탄을 건조한다.

> **정답&해설**
> **해설** 재열기는 터빈에서 팽창한 증기를 저압부로 보내기 전에 다시 가열시키는 기기이다.
> **정답** ③

06-5

화력발전소에서 가장 큰 손실은?

① 소내용 동력   ② 송풍기 손실
③ 복수기에서의 손실   ④ 연도 배출가스 손실

> **정답&해설**
> **해설** 수증기를 냉각시켜 물로 되돌리는 장치를 복수기라고 하는데 이 과정에서 가장 큰 손실이 발생한다.
> **정답** ③

07 원자력 발전

- 원자핵이 분열하면서 발생하는 열로 물을 가열하여 발생하는 증기로 터빈을 회전시켜 전력을 얻는 방식
- 감속재 : 핵분열로 인해서 발생한 고속중성자를 열중성자로 바꿔주는 물질(흑연, 경수, 중수, 산화베릴륨 등)
- 냉각재 : 원자로 내의 열을 외부로 배출시키기 위한 물질(물, 나트륨, 탄산가스, 용해염, 이산화탄소 등등)
- 냉각재 구비조건
  - 열전달 특성이 좋을 것, 중성자 흡수가 적을 것, 열용량이 클 것

난이도 ☆☆☆   복습 ☐☐☐☐☐

07-1

다음 (㉠), (㉡), (㉢)에 들어갈 내용으로 옳은 것은?

> 원자력이란 일반적으로 무거운 원자핵이 핵분열하여 가벼운 핵으로 바뀌면서 발생하는 핵분열 에너지를 이용하는 것이고, (㉠)발전은 가벼운 원자핵을(과) (㉡)하여 무거운 핵으로 바뀌면서 (㉢)전후의 질량결손에 해당하는 방출 에너지를 이용하는 방식이다.

① ㉠ 원자핵융합 ㉡ 융합 ㉢ 결합
② ㉠ 핵결합   ㉡ 반응 ㉢ 융합
③ ㉠ 핵융합   ㉡ 융합 ㉢ 핵반응
④ ㉠ 핵반응   ㉡ 반응 ㉢ 결합

▲ 바로 보기

해설 (핵융합)발전은 가벼운 원자핵을 (융합)하여 무거운 핵으로 바뀌면서 (핵반응) 전후의 질량결손에 해당하는 방출에너지를 이용한 방식이다.

정답 ③

07-2
원자로의 냉각재가 갖추어야 할 조건이 아닌 것은?

① 열용량이 적을 것
② 중성자의 흡수가 적을 것
③ 열전도율 및 열전달 계수가 클 것
④ 방사능을 띠기 어려울 것

▲ 바로 보기

정답&해설
해설 원자로 냉각재는 많은 열량을 흡수해야 하므로 열용량이 커야 한다.
정답 ①

08 송전방식

- 교류 송전방식의 장점
  - 회전자계를 쉽게 얻을 수 있다.
  - 전압의 승압, 강압 변경이 비교적 쉽다.
  - 일관된 운용을 할 수 있어 경제적이다.
- 직류 송전방식의 장점
  - 절연 계급을 낮출 수 있다.
  - 전력손실이 매우 작아 송전 효율이 좋다.
  - 안정도가 좋아 송전용량이 증대된다.

08-1

직류 송전 방식에 비하여 교류 송전방식의 가장 큰 이점은?

① 선로의 리액턴스에 의한 전압강하가 없으므로 장거리 송전에 유리하다.
② 변압이 쉬워 고압 송전에 유리하다.
③ 같은 절연에서 송전 전력이 크게 된다.
④ 지중송전의 경우, 충전 전류와 유전체손을 고려하지 않아도 된다.

정답&해설

해설 직류 전압은 승압·강압이 어려운 반면 교류 전압은 승압과 강압으로 변압이 쉬워 고압 송전에 유리한 장점이 있다.

정답 ②

08-2

교류 송전 방식과 비교하여 직류 송전 방식의 설명이 아닌 것은?

① 전압 변동률이 양호하고 무효전력에 기인하는 전력 손실이 생기지 않는다.
② 안정도의 한계가 없으므로 송전용량을 높일 수 있다.
③ 전력 변환기에서 고조파가 발생한다.
④ 고전압, 대전류의 차단이 용이하다.

정답&해설

해설 직류송전방식은 교류송전방식보다 사고 시 발생하는 고전압 대전류 차단이 어렵다.

정답 ④

09 경제적인 송전 전압 스틸(still)식

- 송전전압[kV]
$= 5.5\sqrt{0.6 \times \text{송전거리[km]} + \dfrac{\text{송전전력[kW]}}{100}}$

난이도 ☆☆☆   복습 □□□□□

09-1

30,000[kW]의 전력을 50[km] 떨어진 지점에 송전하는데 필요한 전압은 약 몇 [kV] 정도인가? (단, 스틸의 식에 의하여 산정한다)

① 22
② 33
③ 66
④ 100

 ▲ 바로 보기

▶ 정답&해설

[해설] still식 $= 5.5\sqrt{0.6 \times 50 + \dfrac{30,000}{100}} = 99.9[\text{kV}] ≒ 100[\text{kV}]$

[참고] 가장 경제적인 송전전압의 실험식인 still식을 이용

[정답] ④

10 애자의 구비조건

- 충분한 절연내력이 있을 것
- 누설전류가 적을 것
- 기계적강도가 클 것
- 경제적일 것
- 급변하는 온도에 견디고 습기를 흡수하지 않을 것

10-1

애자가 갖추어야 할 구비조건으로 옳은 것은?

① 온도의 급변에 잘 견디고 습기도 잘 흡수해야 한다.
② 지지물에 전선을 지지할 수 있는 충분한 기계적 강도를 갖추어야 한다.
③ 비, 눈, 안개 등에 대해서도 충분한 절연내력을 가지며, 누설 전류가 많아야 한다.
④ 선로 전압에는 충분한 절연 내력을 가지며, 이상 전압에는 절연 내력이 매우 작아야 한다.

> **정답&해설**
> **해설** 애자의 구비조건은 기계적 강도가 충분하고 절연내력이 크며 온도 변화에 강하고 습기를 흡수하지 않아야 한다.
> **정답** ②

11 초호각(아킹혼) 초호환(아킹링)의 설치 이유

- 전선에 대한 정전용량 증대
- 애자련의 전압분포를 개선하여 애자의 열적 소손 방지
- 애자 표면의 아크를 신속히 처리하여 애자련 보호

11-1

초호각(Arcing horn)의 역할은?

① 풍압을 조절한다.
② 송전 효율을 높인다.
③ 애자의 파손을 방지한다.
④ 고조파수의 섬락전압을 높인다.

▲ 바로 보기

▶ 정답&해설

[해설] 초호각은 역섬락이나 코로나 방전 등 애자에 손상을 줄 수 있는 아크를 유도시켜 애자의 파손을 방지하는 역할을 한다.

[정답] ③

11-2

아킹혼(Arcing Horn)의 설치 목적은?

① 이상전압 소멸
② 전선의 진동방지
③ 코로나 손실방지
④ 섬락사고에 대한 애자보호

> **정답&해설**
> **해설** 아킹혼의 설치 목적은 낙뢰, 혹은 지락 등으로 발생하는 섬락사고로부터 애자련을 보호하는 것이다.
> **정답** ④

12 전선

- 전선의 구비조건
  - 도전율이 높을 것
  - 기계적 강도가 클 것
  - 유연성이 좋을 것
  - 내구성이 좋을 것
  - 비중이 작을 것
  - 허용전류가 클 것
  - 취급이 용이할 것
  - 경제적일 것
- 전선의 굵기 선정 시 고려해야 할 사항
  - 코로나, 전압강하, 기계적강도, 허용전류
- 경제적 전선의 굵기 선정은 켈빈법칙을 적용하여 산정
- 전선의 진동 방지 장치
  - 스토크 브릿지 댐퍼, 토셔널 댐퍼, 아머로드

난이도 ☆☆☆   **복습** □□□□□

12-1

가공전선로에 사용되는 전선의 구비조건으로 틀린 것은?

① 도전율이 높아야 한다.
② 기계적 강도가 커야 한다.
③ 전압 강하가 적어야 한다.
④ 허용전류가 적어야 한다.

▲ 바로 보기

정답&해설

해설 가공전선은 허용전류가 커야 한다.

정답 ④

12-2
가공전선로에 사용하는 전선의 굵기를 결정할 때 고려할 사항이 아닌 것은?
① 절연저항　　② 전압강하
③ 허용전류　　④ 기계적 강도

12-3
송전선로에 댐퍼(Damper)를 설치하는 주된 이유는?
① 전선의 진동방지
② 전선의 이탈방지
③ 코로나현상의 방지
④ 현수애자의 경사방지

▶ **정답&해설**

해설 전선의 굵기를 결정하는 주요 요소
- 허용전류
- 전압강하
- 기계적 강도

정답 ①

▶ **정답&해설**

해설 송전선로의 주변환경이나 선로에 흐르는 전기로 인한 자연적인 현상으로 인해 전선에 심한 진동이 발생하는 경우가 있는데 이런 현상이 원인이 되어 발생하는 사고를 방지하기 위하여 선로에 댐퍼를 설치한다.

정답 ①

12-4

켈빈(Kelvin)의 법칙이 적용되는 경우는?

① 전압 강하를 감소시키고자 하는 경우
② 부하 배분의 균형을 얻고자 하는 경우
③ 전력 손실량을 축소시키고자 하는 경우
④ 경제적인 전선의 굵기를 선정하고자 하는 경우

▲ 바로 보기

▶ 정답&해설

해설 켈빈의 법칙
경제적인 전선의 굵기 선정

정답 ④

13 이도(처짐 정도)

- 이도 : 전선이 늘어진 정도

$$D = \frac{WS^2}{8T_0} [m]$$

- W : 단위길이당 전선의 중량[kg/m]
- S : 경간(지지물 간의 거리)[m]
- T_0 : 전선의 수평장력[kg]

- 전선의 실제 길이

$$L = S + \frac{8D^2}{3S} [m]$$

난이도 ☆☆☆ **복습** □□□□□

13-1

경간 200[m], 장력 1,000[kg], 하중 2[kg/m]인 가공전선의 이도(dip)는 몇 [m]인가?

① 10 ② 11
③ 12 ④ 13

정답&해설

해설 이도(처짐 정도)
- 경간 $S = 200[m]$
- 하중 $W = 2[kg/m]$
- 장력 $T = 1,000[kg]$

$$D = \frac{2 \times 200^2}{8 \times 1,000} = 10[m]$$

정답 ①

13-2

전선 지지점의 고저차가 없을 경우 경간 300[m]에서 이도 9[m]인 송전 선로가 있다. 지금 이 이도(처짐 정도)를 11[m]로 증가시키고자 할 경우 경간에 더 늘려야 할 전선의 길이는 약 몇 [cm]인가?

① 25
② 30
③ 35
④ 40

난이도 ☆☆☆　**복습** □□□□□

 ▲ 바로 보기

정답&해설

해설 전선의 실제길이
- S : 지지점의 경간[m]
- D : 이도[m]

이도 D가 9[m]일 때 $L_1 = 300 + \dfrac{8 \times 9^2}{3 \times 300} = 300.72$[m]

이도 D가 11[m]일 때 $L_2 = 300 + \dfrac{8 \times 11^2}{3 \times 300} = 301.07$[m]

이도 D를 11[m]로 했을 때 더 늘려야하는 전선의 실제길이
$L_0 = L_2 - L_1 = 301.07 - 300.72 = 0.35$[m] $= 35$[cm]

정답 ③

14 표피효과

- 전선의 중심부일수록 전류가 흐르기 어렵고 전선 표면에 가까울수록 전류가 많이 흐르는 효과
- 주파수 f, 도전율 σ, 투자율 μ에 비례한다.

※ 침투깊이

$$\delta = \sqrt{\dfrac{2}{\omega \sigma \mu}} = \dfrac{1}{\sqrt{\pi f \sigma \mu}} = \sqrt{\dfrac{\rho}{\pi f \mu}}\,[\text{m}]$$

난이도 ☆☆☆   복습 □□□□□

14-1

표피효과에 대한 설명으로 옳은 것은?

① 표피효과는 주파수에 비례한다.
② 표피효과는 전선의 단면적에 반비례한다.
③ 표피효과는 전선의 비투자율에 반비례한다.
④ 표피효과는 전선의 도전률에 반비례한다.

▲ 바로 보기

▶ 정답&해설

해설 침투깊이

- 전선의 표피부근에 전류밀도가 커지는 현상을 표피효과라고 하는데 침투깊이와 반비례 관계가 있다.
- 침투깊이가 증가하면 표피효과는 감소하고 침투깊이가 감소하면 표피효과는 증가한다.
- 침투깊이는 주파수 f, 도전율 σ, 투자율 μ와 반비례 관계이므로 표피효과는 비례관계가 된다.
- 즉, 표피효과는 주파수 f, 도전율 σ, 투자율 μ와 비례한다.

정답 ①

15 연가

- 전선의 배치를 도중에 교차시켜 선로정수가 평형이 되도록 한다.
- 직렬공진을 방지하고 유도장해를 감소시키는 효과가 있다.

15-1

선로정수를 평형되게 하고, 근접 통신선에 대한 유도장해를 줄일 수 있는 방법은?

① 연가를 시행한다.
② 전선으로 복도체를 사용한다.
③ 전선로의 이도를 충분하게 한다.
④ 소호리액터 접지를 하여 중성점 전위를 줄여준다.

▲ 바로 보기

정답 & 해설

해설 전선로 도중에 각상의 위치를 서로 바꾸는 것을 연가라고 하는데 각 상의 선로정수를 평형하게 하고 근접 통신선의 유도장해를 줄이기 위해 시행한다.

정답 ①

16 인덕턴스 (전류를 방해하는 요수)

- 단상선로의 인덕턴스

$$L = 0.05 + 0.4605 \log_{10} \frac{D}{r} \ [\text{mH/km}]$$

- D : 선간거리
- r : 전선의 반지름

- 다도체의 인덕턴스

$$L_n = \frac{0.05}{n} + 0.4605 \log_{10} \frac{D_e}{\sqrt[n]{rs^{n-1}}} \ [\text{mH/km}]$$

- D_e : 등가 선간거리
- n : 소도체 수
- s : 소도체 간격
- r : 소도체의 반지름

- 등가 선간거리

$$D_e = \sqrt[3]{D_1 \times D_2 \times D_3}$$

난이도 ☆☆☆   복습 □□□□□

16-1

반지름 r[m]이고 소도체 간격 s인 4복도체 송전선로에서 전선 A, B, C가 수평으로 배열되어 있다. 등가 선간거리가 D[m]로 배치되고 완전 연가 된 경우 송전선로의 인덕턴스는 몇 [mH/km]인가?

① $0.4605 \log_{10} \dfrac{D}{\sqrt{rS^2}} + 0.0125$

② $0.4605 \log_{10} \dfrac{D}{\sqrt[2]{rS}} + 0.025$

③ $0.4605 \log_{10} \dfrac{D}{\sqrt[3]{rS^2}} + 0.0167$

④ $0.4605 \log_{10} \dfrac{D}{\sqrt[4]{rS^3}} + 0.0125$

정답 & 해설

해설 복도체에서 작용 인덕턴스

소도체수 $n = 4$

$$L_e = 0.4605 \log_{10} \frac{D}{\sqrt[4]{rS^{4-1}}} + \frac{0.05}{4}$$

$$= 0.4605 \log_{10} \frac{D}{\sqrt[4]{rS^3}} + 0.0125 \ [\text{mH/km}]$$

정답 ④

16-2

그림과 같은 선로의 등가선간 거리는 몇 [m]인가?

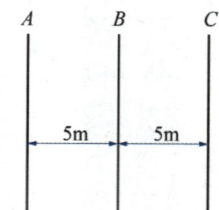

① 5
② $5\sqrt{2}$
③ $5\sqrt[3]{2}$
④ $10\sqrt[3]{2}$

▲ 바로 보기

정답&해설

해설 등가 선간거리
- $D_{AB} = 5$[m]
- $D_{BC} = 5$[m]
- $D_{AC} = 10$[m]

$D_e = \sqrt[3]{5 \times 5 \times 10} = 5\sqrt[3]{2}$ [m]

정답 ③

17 정전용량

- 단도체 정전용량

$$C = \frac{0.02413}{\log_{10}\frac{D}{r}}[\mu F/km]$$

- D : 선간거리
- r : 전선의 반지름

- 다도체 정전용량

$$C = \frac{0.02413}{\log_{10}\frac{D}{\sqrt[n]{rS^{n-1}}}}[\mu F/km]$$

- D_e : 등가 선간거리
- n : 소도체 수
- s : 소도체 간격
- r : 소도체의 반지름

17-1

송전선로의 각 상전압이 평형되어 있을 때 3상 1회선 송전선의 작용정전용량[μF/km]을 옳게 나타낸 것은? (단, r은 도체의 반지름[m], D는 도체의 등가선간거리[m]이다)

① $\dfrac{0.02413}{\log_{10}\dfrac{D}{r}}$ ② $\dfrac{0.2413}{\log_{10}\dfrac{D}{r}}$

③ $\dfrac{0.02413}{\log_{10}\dfrac{D^2}{r}}$ ④ $\dfrac{0.2413}{\log_{10}\dfrac{D^2}{r}}$

해설 케이블의 정전용량

$$C = \frac{0.02413}{\log_{10}\frac{D}{r}}[\mu F/km]$$

정답 ①

18 충전전류

$$I_c = \omega CE \text{ [A]}$$

- ω : 각주파수 $2\pi f$[rad/s]
- C : 정전용량[F]
- E : 상전압[V], 대지전압[V]

18-1

전압 66,000[V], 주파수 60[Hz], 길이 15[km], 심선 1선당 작용 정전용량 0.3587[μF/km]인 한 선당 지중 전선로의 3상 무부하 충전전류는 약 몇 [A]인가? (단, 정전용량 이외의 선로정수는 무시한다)

① 62.5
② 68.2
③ 73.6
④ 77.3

▲ 바로 보기

정답&해설

해설 충전전류

- 각주파수 $\omega = 2\pi f = 2\pi \times 60 = 120\pi$[Hz]
- 정전용량 $C = 0.3587 \times 10^{-6} \times 15 = 5.3805 \times 10^{-6}$[F]
- 대지전압 $E = \dfrac{\text{선간전압 } V}{\sqrt{3}} = \dfrac{66,000}{\sqrt{3}}$[V]

$I_c = 120\pi \times 5.3805 \times 10^{-6} \times \dfrac{66,000}{\sqrt{3}} = 77.3$[A]

정답 ④

18-2

정전용량 0.01[μF/km], 길이 173.2[km], 선간전압 60[kV], 주파수 60[Hz]인 3상 송전선로의 충전전류는 약 몇 [A]인가?

① 6.3
② 12.5
③ 22.6
④ 37.2

난이도 ☆☆☆   **복습** □□□□□

정답&해설

해설 충전전류

- 각속도 $\omega = 2\pi f$
- 정전용량 $C = 0.01[\mu F/km] = 0.01 \times 10^{-6}$ [F/km]
- 길이 $l = 173.2$ [km]
- 대지전압 $E = \dfrac{\text{선간전압}\ V}{\sqrt{3}} = \dfrac{60 \times 10^3}{\sqrt{3}}$ [V]

정답 ③

19 코로나

- 전선표면의 공기 절연이 파괴되어 부분적으로 방전을 일으키며서 빛과 소리가 발생되는 현상
- 코로나 장해 : 잡음, 통신선의 유도장해, 소호리액터의 소호능력 저하, 전선의 부식 촉진, 전력 손실 등
- 코로나 방지 대책 : 굵은 전선사용, 복도체사용, 가선금구 개량

난이도 ☆☆☆ **복습** □□□□□

19-1

코로나현상에 대한 설명이 아닌 것은?

① 전선을 부식 시킨다.
② 코로나 현상은 전력의 손실을 일으킨다.
③ 코로나 방전에 의하여 전파 장해가 일어난다.
④ 코로나 손실은 전원 주파수의 $\frac{2}{3}$ 제곱에 비례한다.

▲ 바로 보기

정답&해설

해설 코로나 손실(Peek의 실험식)
코로나 손실은 주파수에 25를 더한 값에 비례한다.
즉, $P_c \propto (f+25)$ 이다.

정답 ④

20 단거리 송전선로

난이도 ☆☆☆ 복습 ☐☐☐☐☐

- 전압강하

$$e = \sqrt{3}\,I_r(R\cos\theta + X\sin\theta)$$
$$= \frac{P}{V_r}(R + X\tan\theta)\,[V]$$

- 전압강하율

$$\varepsilon = \frac{V_s - V_r}{V_r} \times 100 = \frac{\text{전압강하}\,e}{V_r} \times 100\,[\%]$$

- 전압변동률

$$\varepsilon = \frac{V_{r0} - V_{2n}}{V_{2n}} \times 100\,[\%]$$

- 수전단 전력

$$P_r = \sqrt{3}\,V_r I\cos\theta\,[W]$$

- 송전단 전력

$$P_s = \sqrt{3}\,V_r I\cos\theta_r + 3I^2 R\,[W]$$

- 전력손실

$$P_l = 3I^2 R = 3\left(\frac{P}{\sqrt{3}\,V\cos\theta}\right)^2 R$$
$$= \frac{P^2 R}{V^2 \cos^2\theta}$$
$$= \frac{P^2 \rho l}{V^2 \cos^2\theta\,A}\,[W]$$

- I_r : 수전단 전류[A]
- R : 1선당 저항[Ω]
- X : 1선당 리액턴스[Ω]
- $\cos\theta$: 역률
- V_s : 송전단 전압[V]
- V_r : 수전단 전압[V]
- V_{r0} : 무부하 수전단전압[V]
- ρ : 고유 저항
- l : 전선의 길이[m]
- A : 전선의 단면적[m²]

20-1

전압 강하율이 10[%]인 단거리 배전선로가 있다. 송전단의 전압이 100[V]일 때 수전단의 전압은 약 몇 [V]인가?

① 82　　　　　② 91
③ 98　　　　　④ 108

난이도 ☆☆☆　　**복습** ☐☐☐☐☐

정답&해설

해설 수전단 전압을 기준으로 식을 정리하면,

수전단 전압 $= \dfrac{\text{송전단 전압}}{\dfrac{\text{전압 강하율}}{100}+1} = \dfrac{100}{\dfrac{10}{100}+1} = 90.9 ≒ 91$[V]이다.

정답 ②

20-2

송전선의 전압변동률을 나타내는 식

$\dfrac{V_{R1} - V_{R2}}{V_{R2}} \times 100\,[\%]$ 에서 V_{R1}은 무엇인가?

① 부하 시 수전단 전압
② 무부하 시 수전단 전압
③ 부하 시 송전단 전압
④ 무부하 시 송전단 전압

난이도 ☆☆☆ **복습** □□□□□

정답&해설

해설 송전선의 전압변동률을 나타내는 식 중
- V_{R1} : 무부하 시 수전단 전압
- V_{R2} : 전부하 시 수전단 전압

정답 ②

21 중거리 송전선로

- T형 회로

$$E_s = \left(1 + \frac{ZY}{2}\right)E_r + Z\left(1 + \frac{ZY}{4}\right)I_r$$

$$I_s = YE_r + \left(1 + \frac{ZY}{2}\right)I_r$$

- π형 회로

$$E_s = \left(1 + \frac{ZY}{2}\right)E_r + ZI_r$$

$$I_s = Y\left(1 + \frac{ZY}{4}\right)E_r + \left(1 + \frac{ZY}{2}\right)I_r$$

21-1

중거리 송전선로의 T형 회로에서 송전단 전류 I_s는?
(단, Z, Y는 선로의 직렬 임피던스와 병렬 어드미턴스이고, E_r은 수전단 전압, I_r은 수전단 전류이다)

① $I_r\left(1 + \frac{ZY}{2}\right) + E_r Y$

② $E_r\left(1 + \frac{ZY}{2}\right) + ZI_r$

③ $E_r\left(1 + \frac{ZY}{2}\right) + ZI_r\left(1 + \frac{ZY}{4}\right)$

④ $I_r\left(1 + \frac{ZY}{2}\right) + E_r Y\left(1 + \frac{ZY}{4}\right)$

▲ 바로 보기

정답&해설

해설 $E_s = AE_r + BI_r$[V], $I_s = CE_r + DI_r$[A]

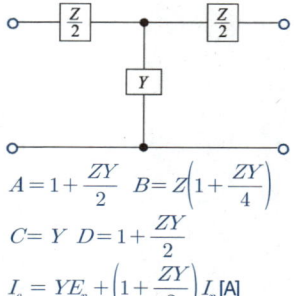

$A = 1 + \frac{ZY}{2}$ $B = Z\left(1 + \frac{ZY}{4}\right)$

$C = Y$ $D = 1 + \frac{ZY}{2}$

$I_s = YE_r + \left(1 + \frac{ZY}{2}\right)I_r$[A]

정답 ①

21-2

중거리 송전선로의 π형 회로에서 송전단 전류 I_s는? (단, Z, Y는 선로의 직렬 임피던스와 병렬 어드미턴스이고, E_r, I_r은 수전단 전압과 전류이다)

① $\left(1+\dfrac{ZY}{2}\right)E_r + ZI_r$

② $\left(1+\dfrac{ZY}{2}\right)E_r + Z\left(1+\dfrac{ZY}{4}\right)I_r$

③ $\left(1+\dfrac{ZY}{2}\right)I_r + ZE_r$

④ $\left(1+\dfrac{ZY}{2}\right)I_r + Y\left(1+\dfrac{ZY}{4}\right)E_r$

▲ 바로 보기

> **정답 & 해설**

해설 π형 회로

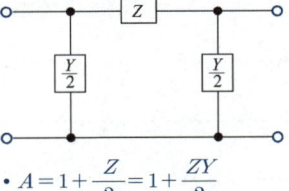

- $A = 1 + \dfrac{Z}{\frac{2}{Y}} = 1 + \dfrac{ZY}{2}$

- $B = Z$

- $C = Y + \dfrac{Z}{\frac{2}{Y}+\frac{2}{Y}} = Y\left(1+\dfrac{ZY}{4}\right)$

- $D = 1 + \dfrac{Z}{\frac{2}{Y}} = 1 + \dfrac{ZY}{2}$

$\begin{vmatrix} E_s \\ I_s \end{vmatrix} = \begin{vmatrix} 1+\dfrac{ZY}{2} & Z \\ Y\left(1+\dfrac{ZY}{4}\right) & 1+\dfrac{ZY}{2} \end{vmatrix} \begin{vmatrix} E_r \\ I_r \end{vmatrix}$

$E_s = \left(1+\dfrac{ZY}{2}\right)E_r + ZI_r$

$I_s = Y\left(1+\dfrac{ZY}{4}\right)E_r + \left(1+\dfrac{ZY}{2}\right)I_r$

정답 ④

22 장거리 송전선로

- 특성임피던스

$$Z_0 = \sqrt{\frac{Z}{Y}} = \sqrt{\frac{R+j\omega L}{G+j\omega C}}\,[\Omega]$$

22-1

송전선의 특성임피던스는 저항과 누설 컨덕턴스를 무시하면 어떻게 표현되는가? (단, L은 선로의 인덕턴스, C는 선로의 정전용량이다)

① $\sqrt{\dfrac{L}{C}}$
② $\sqrt{\dfrac{C}{L}}$
③ $\dfrac{L}{C}$
④ $\dfrac{C}{L}$

정답&해설

해설 특성 임피던스

이때, 저항(R)과 누설컨덕턴스(G)를 무시하면 $Z_0 = \sqrt{\dfrac{L}{C}}$ 이다.

정답 ①

22-2

수전단을 단락한 경우 송전단에서 본 임피던스가 300[Ω]이고, 수전단을 개방한 경우 송전단에서 본 어드미턴스가 1.875×10^{-3}[℧]일 때 송전선의 특성임피던스는 약 몇 [Ω]인가?

① 200
② 300
③ 400
④ 500

정답&해설

해설 특성 임피던스

$$Z_0 = \sqrt{\frac{300}{1.875 \times 10^{-3}}} = 400[\Omega]$$

정답 ③

23 4단자 정수

$$\begin{bmatrix} E_s \\ I_s \end{bmatrix} = \begin{bmatrix} A & B \\ C & D \end{bmatrix} \begin{bmatrix} E_r \\ I_r \end{bmatrix}$$

- $E_s = AE_r + BI_r$
- $I_s = CE_r + DI_r$
- $AD - BC = 1$
- $A = D$

  - E_s : 송전단 전압
  - I_s : 송전단 전류
  - E_r : 수전단 전압
  - I_r : 수전단 전류

23-1

일반 회로정수가 A, B, C, D이고 송전단 전압이 E_s인 경우 무부하 시 수전단 전압은?

① $\dfrac{E_s}{A}$ ② $\dfrac{E_s}{B}$

③ $\dfrac{A}{C} E_s$ ④ $\dfrac{C}{A} E_s$

▲ 바로 보기

정답&해설

해설 4단자 정수

무부하 시 수전단 전류 $I_r = 0$이므로, $E_s = AE_r$이다.

즉, 수전단 전압 $E_r = \dfrac{E_s}{A}$ 이다.

정답 ①

23-2

4단자 정수 $A=D=0.8$, $B=j1.0$인 3상 송전선로에 송전단 전압 160[kV]를 인가할 때 무부하 시 수전단 전압은 몇 [kV]인가?

① 154
② 164
③ 180
④ 200

▲ 바로 보기

정답&해설

해설 4단자 정수를 이용한 송전선로 해석

무부하 시에는 수전단 전류 $I_r=0$이므로 $V_s=AV_r$이다.

수전단 전압 $V_r = \dfrac{V_s}{A} = \dfrac{160}{0.8} = 200$[kV]

정답 ④

24 조상설비

- 동기조상기 : 동기전동기의 V곡선(위상특성곡선)을 이용한 것으로 중부하시에는 과여자로 운전하여 진상전류로 그리고 경부하시에는 부족여자로 운전하여 지상전류를 취하는 전압조정장치
- 전력용 콘덴서 : 진상전류를 취하여 전압강하 보상
- 분로 리액터 : 지상전류를 취하여 이상전압 상승 억제

24-1
동기조상기에 관한 설명으로 틀린 것은?

① 동기전동기의 V특성을 이용하는 설비이다.
② 동기전동기를 부족여자로 하여 컨덕턴스로 사용한다.
③ 동기전동기를 과여자로 하여 콘덴서로 사용한다.
④ 송전계통의 전압을 일정하게 유지하기 위한 설비이다.

정답&해설

해설 동기조상기는 동기전동기를 계통 중간에서 무부하로 운전하는데 부족여자로 운전하여 리액터로 사용하고 과여자로 운전하여 콘덴서로 사용한다.

정답 ②

25 페란티 현상

- 무부하시 선로의 정전용량으로 인해 전압보다 위상이 90° 앞선 충전전류가 원인이 되어 수전단 전압이 송전단 전압보다 상승하여 높아지는 현상
- 방지대책
  - 동기 조상기를 부족여자로 운전하여 지상전류(늦은 전류)를 취한다.
  - 수전단에 분로리액터를 설치한다.

25-1

중거리 및 장거리 송전선로에서 페란티 효과의 발생 원인으로 볼 수 있는 것은?

① 선로의 누설컨덕턴스 ② 선로의 누설전류
③ 선로의 정전용량 ④ 선로의 인덕턴스

정답&해설

해설 페란티 현상은 수전단 전압이 송전단 전압보다 높아지는 현상으로 선로의 정전용량으로 인해서 전압보다 90° 앞선 충전 전류에 의해 발생한다.

정답 ③

26 고장계산

- 옴법에 의한 계산
  - 3상 단락전류
  $$I_S = \frac{E}{Z} = \frac{E}{Z_g + Z_t + Z_l} = \frac{E}{\sqrt{R^2 + X^2}} [A]$$

  - E : 상전압
  - Z_g : 발전기 임피던스
  - Z_t : 변압기 임피던스
  - Z_l : 선로 임피던스

  - 단락용량
  $$P_s = 3EI_S = \sqrt{3}\, VI_s [VA]$$

  ▶ Y결선에서 상전압 E는 선간전압 V의 $\sqrt{3}$ 배이다.

- 퍼센트 임피던스법에 의한 계산
  - 퍼센트 임피던스
  $$\%Z = \frac{Z[\Omega] \times I[A]}{E[V]} = \frac{P[kVA] \times Z[\Omega]}{10\, V[kV]^2} [\%]$$

  - 3상 단락전류
  $$I_s = \frac{E}{Z} = \frac{100}{\%Z} \times I_n [A]$$

  - 단락용량
  $$P_s = \frac{100}{\%Z} P_n [VA]$$

  - P_n : 기준용량

난이도 ☆☆☆   복습 □□□□□

26-1

그림과 같은 22[kV] 3상 3선식 전선로의 P점에 단락이 발생하였다면 3상 단락전류는 약 몇 [A]인가? (단, %리액턴스는 8[%]이며 저항분은 무시한다)

22kV
20,000KVA

① 6,561   ② 8,560
③ 11,364   ④ 12,684

▶ **정답 & 해설**

해설 단락전류

• 저항분을 무시하므로 $\%Z = \%X = 8[\%]$

• 정격전류 $I_n = \dfrac{P}{\sqrt{3}\,V} = \dfrac{20,000 \times 10^3}{\sqrt{3} \times 22 \times 10^3} [A]$

$I_s = \dfrac{100}{8} \times \dfrac{20,000 \times 10^3}{\sqrt{3} \times 22 \times 10^3} = 6,561[A]$

정답 ①

 ▲ 바로 보기

26-2

선간전압이 154[kV]이고, 1상당의 임피던스가 $j8[\Omega]$인 기기가 있을 때, 기준용량을 100[MVA]로 하면 %임피던스는 약 몇 [%]인가?

① 2.75
② 3.15
③ 3.37
④ 4.25

난이도 ☆☆☆ **복습** ☐☐☐☐☐

▲ 바로 보기

정답&해설

해설 %임피던스
- 기준용량 $P = 100[\text{MVA}] = 100 \times 10^3[\text{kVA}]$
- 임피던스 $Z = j8 = \sqrt{8^2} = 8[\Omega]$
- 선간전압 $V = 154[\text{kV}]$

$$\%Z = \frac{100 \times 10^3 \times 8}{10 \times 154^2} = 3.37[\%]$$

정답 ③

27 대칭좌표법

- 영상, 정상, 역상 전류
  - 영상전류 $I_0 = \frac{1}{3}(I_a + I_b + I_c)$
  - 정상전류 $I_1 = \frac{1}{3}(I_a + aI_b + a^2I_c)$
  - 역상전류 $I_2 = \frac{1}{3}(I_a + a^2I_b + aI_c)$
- 고장 종류별 전류의 대칭 성분
  - 3상 단락 $I_0 = I_2 = 0,\ I_1 \neq 0$
  - 선간 단락 $I_0 = 0,\ I_1 = -I_2 \neq 0$
  - 1선 지락 $I_0 = I_1 = I_2 \neq 0$

27-1

3상 동기 발전기 단자에서의 고장 전류 계산 시 영상전류 I_0, 정상전류 I_1과 역상전류 I_2가 같은 경우는?

① 1선 지락고장
② 2선 지락고장
③ 선간 단락고장
④ 3상 단락고장

▲ 바로 보기

> 정답&해설

해설 1선 지락사고의 지락전류를 해석하기 위해서는 정상분, 역상분, 영상분이 필요하며 영상전류 I_0의 정상전류 I_1 역상전류 I_2 크기는 같고 0이 아닌 값을 갖는다.

정답 ①

28 비접지방식

- 단거리 저전압 선로에 적용되며 △ 결선에 사용된다.
  - 지락전류
  $$I_g = 3\omega C_s E = \sqrt{3}\,\omega C_s V\,[A]$$
  - C_S : 대지정전용량[F]
  - E : 고장점 대지 전압[V]
  - V : 선간전압[V]($V = \sqrt{3}\,E$)
- 1선지락 사고 시 건전상의 전압상승은 $\sqrt{3}$ 배에서 최대 6배 상승한다.

28-1

비접지식 3상 송배전계통에서 1선 지락고장 시 고장전류를 계산하는데 사용되는 정전용량은?

① 작용정전용량 ② 대지정전용량
③ 합성정전용량 ④ 선간정전용량

▲ 바로 보기

정답&해설

해설 비접지 지락 전류 $I_g = j3\omega C_S E\,[A]$
- C_S : 대지정전용량[F]
- E : 고장점대지전압

정답 ②

29 중성점 접지(직접접지방식)

- 중성점 접지
  - 지락 사고 시 건전상의 대지전위 상승을 억제하여 기기의 절연레벨 경감
  - 뇌, 아크 지락, 기타에 의하여 발생되는 이상전압의 경감 및 발생 억제
  - 지락 사고 시 접지계전기의 확실한 동작
  - 1선 지락 사고 시 건전상의 전압이 대지전압의 1.3배가 넘지 않는다(유효접지).
  - 지락 사고 시 통신선에 전자유도장해를 크게 미친다.
- 소호리액터 접지 방식
  - 1선 지락 사고 시 지락전류를 최소로 할 수 있다.
  - 지락전류가 최소가 되어 보호계전기 동작에 문제가 발생될 수도 있다.

29-1

송전선로의 중성점을 접지하는 목적이 아닌 것은?

① 송전용량의 증가
② 과도 안정도의 증진
③ 이상 전압 발생의 억제
④ 보호 계전기의 신속, 확실한 동작

▲ 바로 보기

▶ 정답&해설

[해설] 중성점 접지의 목적은 대지전위 상승을 억제하거나 계전기의 신속한 동작 등 원활한 계통의 운용이지, 역률을 개선시키거나 손실을 경감시키는 것이 아니기 때문에 송전 용량 증가와는 무관하다.

[정답] ①

29-2

송전선로에서 1선 지락의 경우 지락 전류가 가장 작은 중성점 접지 방식은?

① 비접지 방식
② 직접접지 방식
③ 저항 접지 방식
④ 소호 리액터 접지 방식

정답&해설

[해설] 지락 전류의 크기가 작은 순서로 나열하면,
소호 리액터접지 방식 < 비접지 방식 < 저항접지 방식 < 직접접지 방식

[정답] ④

29-3

직접 접지방식이 초고압 송전선에 채용되는 이유 중 가장 적당한 것은?

① 지락 고장 시 병행 통신선에 유기되는 유도 전압이 적기 때문에
② 지락 시의 지락 전류가 적으므로
③ 계통의 절연을 낮게 할 수 있으므로
④ 송전선의 안정도가 높으므로

▶ 정답&해설

해설 직접 접지방식은 1선 지락 사고 시 건전상 대지전압 상승은 다른 접지방식에 비해 낮은 1.3배 이하이고, 단절연이 가능하므로 계통의 절연을 낮게 할 수 있어 경제적으로 적합하다.
그런 이유로, 초고압 송전 시에는 직접 접지방식을 채용한다.

정답 ③

30 유도장해

- 정전유도 : 송전선과 통신선의 상호 정전용량에 의해서 발생
- 전자유도 : 송전선과 통신선의 상호 유도결합(상호 인덕턴스)에 의해서 발생
- 전자유도전압

$$E_m = \omega M(I_a + I_b + I_c) = \omega M \times 3I_0$$

- M : 상호 인덕턴스[H]
- I_a, I_b, I_c : abc 각상의 전류[A]
- I_0 : 영상전류[A]

30-1

난이도 ☆☆☆　복습 □□□□□

전력선과 통신선 간의 상호 정전용량 및 상호 인덕턴스에 의해 발생되는 유도장해로 옳은 것은?

① 정전유도장해 및 전자유도장해
② 전력유도장해 및 정전유도장해
③ 정전유도장해 및 고조파유도장해
④ 전자유도장해 및 고조파유도장해

▲ 바로 보기

▶ 정답&해설

해설
- 상호 정전용량 → 정전유도장해
- 상호 인덕턴스 → 전자유도장해

정답 ①

30-2

통신선과 병행인 60[Hz]의 3상 1회선 송전선에서 1선 지락으로 110[A]의 영상전류가 흐르고 있을 때 통신선에 유기되는 전자유도전압은 약 몇 [V]인가? (단, 영상전류는 송전선 전체에 걸쳐 같은 크기이고, 통신선과 송전선의 상호 인덕턴스는 0.05[mH/km], 양 선로의 평행 길이는 55[km]이다)

① 252[V]
② 293[V]
③ 342[V]
④ 365[V]

정답&해설

해설 통신선에 유도되는 전자유도전압

$E_m = 3\omega M I_0$ [V]

- 주파수 $f = 60$[Hz]
- 상호 인덕턴스 $M = 0.05$[mH/km] $\times 55$[km]
  $= 0.05 \times 10^{-3} \times 55 = 2.75 \times 10^{-3}$[H]
- 영상전류 $I_0 = 110$[A]

$E = 2\pi \times 60 \times 2.75 \times 10^{-3} \times 3 \times 110 ≒ 342$[V]

정답 ③

31 유도장해 방지 대책(전력선측)

- 전력선과 통신선의 이격거리를 증대시킨다.
- 중성점 접지방식을 고저항접지와 소호리액터접지 방식을 채용한다.
- 전력선과 통신선을 직각으로 교차한다.
- 차폐선을 설치한다.
- 고속도 차단기를 사용한다.

난이도 ☆☆☆   복습 □□□□□

31-1

유도장해를 방지하기 위한 전력선측의 대책으로 틀린 것은?

① 차폐선을 설치한다.
② 고속도 차단기를 사용한다.
③ 중성점 전압을 가능한 높게 한다.
④ 중성점 접지에 고저항을 넣어서 지락전류를 줄인다.

▲ 바로 보기

정답&해설

해설 전력선측의 중성점 전압이 높을수록 전력선으로 인해 통신선의 유도전압이 높아지므로 중성점 전압을 가능한 낮게 하는 것이 좋으며, 연가를 하여 중성점 전압을 낮출 수 있다.

정답 ③

32 피뢰기

- 구성요소 : 특성요소, 직렬갭, 쉴드링
- 구비조건
  - 상용주파 방전개시전압이 높을 것
  - 충격 방전개시전압이 낮을 것
  - 방전 중 단자에 나타나는 파고값(제한전압)이 낮을 것
  - 속류를 신속히 차단할 것

32-1

피뢰기의 구비조건이 아닌 것은?

① 상용주파 방전개시 전압이 낮을 것
② 충격방전 개시전압이 낮을 것
③ 속류 차단능력이 클 것
④ 제한전압이 낮을 것

▶ 정답&해설

해설 피뢰기의 구비조건
- 상용주파 방전 개시전압이 높을 것
- 충격 방전 개시전압이 낮을 것
- 속류 차단능력이 클 것
- 제한전압이 낮을 것
- 방전 내량이 충분할 것

정답 ①

33 가공지선

- 뇌에 대한 전선 차폐와 진행파의 감쇠를 목적으로 설치한다
- 보호각은 작게 하는 것이 좋다(35° ~ 40°).
- 보호각을 2가닥으로 하면 차폐효과가 더 좋아진다.

33-1

송전선로에서 가공지선을 설치하는 목적이 아닌 것은?

① 뇌의 직격을 받을 경우 송전선 보호
② 유도에 의한 송전선의 고전위 방지
③ 통신선에 대한 차폐효과 증진
④ 철탑의 접지저항 경감

▲ 바로 보기

정답&해설

해설 철탑의 접지저항 경감은 매설지선의 설치 목적이다.

정답 ④

34 매설지선

- 역섬락을 방지하기 위해 설치

34-1

송전선로에 매설지선을 설치하는 목적으로 알맞은 것은?

① 직격뇌로부터 송전선을 차폐하기 위하여
② 철탑 기초의 강도를 보강하기 위하여
③ 현수애자 1연의 전압 분담을 균일화하기 위하여
④ 철탑으로부터 송전선로로의 역섬락을 방지하기 위하여

정답&해설

해설 매설지선은 철탑의 접지저항을 낮게 하며 뇌격 시 전압 상승으로 인한 송전선로의 역섬락을 방지한다.

정답 ④

35 변압기 보호 계전기

- 과전류계전기
- 거리계전기
- 비율차동계전기

35-1

발전기 또는 주변압기의 내부고장 보호용으로 가장 널리 쓰이는 것은?

① 거리계전기　　② 과전류계전기
③ 비율차동계전기　　④ 방향단락계전기

정답&해설

해설 비율차동계전기는 변압기 내부 고장 시 발생하는 1차전류와 2차전류의 차이의 비율을 검출하여 동작하는 계전기로 변압기 내부고장 보호용으로 사용된다.

정답 ③

36 동작시간에 의한 보호계전기 분류

- 순한시 계전기 : 설정된 값 이상의 전류가 흐르면 즉시 동작
- 정한시 계전기 : 설정된 값 이상의 전류가 흐르면 설정된 시간 후 동작
- 반한시 계전기 : 설정된 값 이상의 전류가 흐르면 전류 크기의 반비례하는 시간에 동작
- 정한시 반한기 계전기 : 설정된 값 이하의 전류에서는 반한시 계전기로 동작하고 설정된 값 이상의 전류에서는 정한시 계전기로 동작

난이도 ☆☆☆   복습 □□□□□

36-1

최소 동작 전류 이상의 전류가 흐르면 한도를 넘은 양(量)과는 상관없이 즉시 동작하는 계전기는?

① 순한시 계전기 ② 반한시 계전기
③ 정한시 계전기 ④ 반한시 정한시 계전기

▶ 정답&해설

해설 설정된 최소 동작 전류 이상의 전류가 흐르면 한도를 넘은 전류의 크기와 관계없이 그 순간에 즉시 동작하는 계전기를 순한시 계전기라고 한다.

정답 ①

 빈출특강

 37 차단기의 종류

난이도 ☆☆☆   복습 □□□□□

- 기중차단기(ACB) : 공기로 아크를 소호하여 차단(소형차단기)
- 공기차단기(ABB) : 압축공기로 아크를 소호하여 차단(대형차단기)
- 유입차단기(OCB) : 아크를 소호하는 데 절연유를 이용하여 차단
- 진공차단기(VCB) : 진공 중에서 아크를 소호하여 차단
- 자기차단기(MBB) : 자기력으로 아크를 소호하여 차단
- 가스차단기(GCB) : SF_6가스로 아크를 소호하여 차단

37-1

차단기와 아크 소호원리가 바르지 않은 것은?

① OCB : 절연유에 분해 가스 흡부력 이용
② VCB : 공기 중 냉각에 의한 아크 소호
③ ABB : 압축 공기를 아크에 불어 넣어서 차단
④ MBB : 전자력을 이용하여 아크를 소호실내로 유도하여 냉각

▲ 바로 보기

▶ 정답&해설

해설 VCB는 진공차단기로 진공 중의 높은 절연 내력을 이용하여 아크를 소호한다.

정답 ②

38 수용률

- 부하설비 용량에 대한 최대전력의 비를 백분율로 나타낸 것

$$수용률 = \frac{최대전력}{부하설비용량} \times 100[\%]$$

38-1

어느 수용가의 부하설비는 전등설비가 500[W], 전열설비가 600[W], 전동기 설비가 400[W], 기타설비가 100[W]이다. 이 수용가의 최대수전전력이 1200[W]이면 수용률은 몇 [%]인가?

① 55　　② 65
③ 75　　④ 85

정답&해설

해설 수용률 $= \dfrac{1{,}200}{500+600+400+100} \times 100 = 75[\%]$

정답 ③

빈출특강

39 부등률

- 합성 최대 부하에 대한 부하각각의 최대 부하의 총합으로 그 값은 1이상이다.

$$부등률 = \frac{각각의\ 최대부하의\ 총합}{합성최대부하} \geq 1$$

난이도 ☆☆☆   복습 □□□□□

39-1

다음 중 그 값이 1 이상인 것은?

① 부등률
② 부하률
③ 수용률
④ 전압 강하률

▲ 바로 보기

▶ 정답&해설

[해설] 부등률은 합성 최대 수용전력에 대한 각각의 수용설비의 최대 수용 전력으로 나타내기 때문에 1과 같거나 그 이상이 된다.

[정답] ①

40 부하율

- 최대전력에 대한 평균전력의 비를 백분율로 나타낸 것

$$부하율 = \frac{평균전력}{최대전력} \times 100 \, [\%]$$

40-1

최대수용전력이 45×10^3[kW]인 공장의 어느 하루의 소비전력량이 480×10^3[kWh]라고 한다. 하루의 부하율은 몇 [%]인가?

① 22.2　　② 33.3
③ 44.4　　④ 66.6

▲ 바로 보기

▶ 정답&해설

[해설] 일부하율 $= \dfrac{시간당\ 소비전력}{최대수용전력} \times 100[\%]$

- 시간당 소비전력 $= \dfrac{480 \times 10^3}{24시간} = 20 \times 10^3$[kW]

- 일부하율 $= \dfrac{20 \times 10^3}{45 \times 10^3} \times 100 = 44.4[\%]$

[정답] ③

41 합성 최대 수용전력[kW]

$$\frac{\text{부하설비용량[kW]} \times \text{수용률}}{\text{부등률}}$$

41-1

부하설비용량 600kW, 부등률 1.2 수용률 60%일 때의 합성최대 수용 전력은 몇 kW인가?

① 240
② 300
③ 432
④ 833

해설 합성 최대 수용전력 $= \dfrac{600 \times 0.6}{1.2} = 300[\text{kW}]$

정답 ②

41-2

각 수용가의 수용설비용량이 50[kW], 100[kW], 80[kW], 60[kW], 150[kW]이며, 각각의 수용률이 0.6, 0.6, 0.5, 0.5, 0.4일 때 부하의 부등률 1.3이라면 변압기의 용량은 약 몇 [kVA]가 필요한가? (단, 평균 부하 역률은 80[%]라고 한다)

① 142　　② 165
③ 183　　④ 212

난이도 ☆☆☆　　복습 □□□□□

정답&해설

해설 변압기 용량

$$= \frac{(50 \times 0.6) + (100 \times 0.6) + (80 \times 0.5) + (60 \times 0.5) + (150 \times 0.4)}{1.3 \times 0.8}$$

$= 211.59[\text{kVA}]$

정답 ④

42 콘덴서 용량(역율 개선용)

$$Q_c = P(\tan\theta_1 - \tan\theta_2)$$
$$= P\left(\frac{\sqrt{1-\cos^2\theta_1}}{\cos\theta_1} - \frac{\sqrt{1-\cos^2\theta_2}}{\cos\theta_2}\right)$$
$$= P\left(\frac{\sin\theta_1}{\cos\theta_1} - \frac{\sin\theta_2}{\cos\theta_2}\right)$$

42-1

어떤 공장의 소모 전력이 100[kW]이며, 이 부하의 역률이 0.6일 때, 역률을 0.9로 개선하기 위한 전력용 콘덴서의 용량은 약 몇 [kVA]인가?

① 75　　　② 80
③ 85　　　④ 90

난이도 ☆☆☆　　복습 □□□□□

▲ 바로 보기

정답 & 해설

해설 전력용 콘덴서 용량
- 소모전력 $P = 100$[kW]
- 개선 전 역률 $\cos\theta_1 = 0.6$
- 개선 후 역률 $\cos\theta_2 = 0.9$

$$Q_c = 100\left(\frac{0.8}{0.6} - \frac{\sqrt{1-0.9^2}}{0.9}\right) = 84.9\text{[kVA]}$$

정답 ③

42-2

역률 80[%], 500[kVA]의 부하설비에 100[kVA]의 진상용 콘덴서를 설치하여 역률을 개선하면 수전점에서의 부하는 약 몇 [kVA]가 되는가?

① 400
② 425
③ 450
④ 475

정답&해설

해설

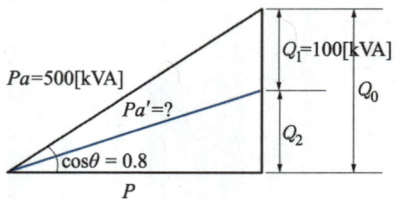

$Q_0 = \sin\theta \times P_a = 0.6 \times 500 = 300$[kVA]
($\cos\theta = 0.8$일 때 $\sin\theta = 0.6$이다)
$Q_2 = 300 - 100 = 200$[kVar]
$P = P_a \times \cos\theta = 500 \times 0.8 = 400$[kW]
$P_a' = \sqrt{P^2 + Q_2^2} = \sqrt{400^2 + 200^2} = 447.21 ≒ 450$[kVA]

정답 ③

43 V-V결선

- 이용률 : 86.6[%]
- 출력비 : 57.7[%]

43-1

단상 변압기 3대를 △결선으로 운전하던 중 1대의 고장으로 V결선한 경우 V결선과 △결선의 출력비는 약 몇 [%]인가?

① 52.2
② 57.7
③ 66.7
④ 86.6

정답&해설

해설 △결선에 대한 V결선의 출력비

$$\frac{VI\cos\theta}{\sqrt{3}\,VI\cos\theta}\times 100 = \frac{1}{\sqrt{3}}\times 100 = 57.7[\%]$$

정답 ②

43-2

400[kVA] 단상변압기 3대를 △-△결선으로 사용하다가 1대의 고장으로 V-V결선을 하여 사용하면 약 몇 [kVA] 부하까지 걸 수 있겠는가?

① 400
② 566
③ 693
④ 800

난이도 ☆☆☆   복습 ☐☐☐☐☐

정답&해설

해설 단상변압기의 용량 $P_1 = 400$[kVA]라고 할 때
$P_V = \sqrt{3} \times 400 = 693$[kVA]이다.

정답 ③

44 캐스케이딩 현상

- 사고로 인해 저압 뱅킹 내의 변압기 일부 또는 전체가 연쇄적으로 회로로부터 차단되는 현상
- 대책 : 변압기와 변압기 사이에 퓨즈 설치

44-1

저압 뱅킹 배선방식에서 캐스케이딩 이란 무엇인가?

① 변압기의 전압 배분을 자동으로 하는 것
② 수전단 전압이 송전단 전압보다 높아지는 현상
③ 저압선에 고장이 생기면 건전한 변압기의 일부 또는 전부가 차단되는 현상
④ 전압 동요가 일어나면 연쇄적으로 파동치는 현상

▶ 정답&해설

[해설] 캐스케이딩이란 저압선에 고장이 생기면 관계되어 있는 건전한 변압기 일부 또는 전부가 차단되어 고장이 확대되는 현상을 말한다.

[정답] ③

45 송배전설비

- 방전코일(DC)
  콘덴서에 축적된 잔류전하 방전
- 직렬리액터
  - 제 5고조파를 제거하여 콘덴서 보호
  - 용량 : 이론적으로 콘덴서 용량의 4%, 실제적으로는 5~6% 적용
- 구분 개폐기
  - 전로 고장 시 일부구간만 구분해서 정전시키기 위한 장치
  - 기중개폐기, 유입개폐기, 가스절연 부하개폐기
- 고장구간 자동개폐기(ASS)
  수용가 내의 사고로 인해 배전선로로 사고가 파급되는 것을 방지

45-1

이상 전압에 대한 방호장치로 거리가 먼 것은?

① 피뢰기　　② 방전코일
③ 서지흡수기　④ 가공지선

정답&해설

[해설] 방전코일은 콘덴서에 축적된 잔류전하를 방전시키는 장치로 이상 전압에 대한 방호장치로는 적합하지 않다.

[정답] ②

45-2

주변압기 등에서 발생하는 제5고조파를 줄이는 방법으로 옳은 것은?

① 전력용 콘덴서에 직렬리액터를 접속한다.
② 변압기 2차측에 분로리액터를 연결한다.
③ 모선에 방전코일을 연결한다.
④ 모선에 공심 리액터를 연결한다.

정답&해설

해설 제5고조파 제거 목적으로 직렬 리액터를 전력용 콘덴서에 설치한다.

정답 ①

CHAPTER 3 전기기기

01 직류발전기

난이도 ☆☆☆   복습 □□□□□

- 직류발전기의 구조
  - 계자 : 자속을 만드는 부분
  - 전기자 : 계자가 만든 자속과 쇄교하여 기전력을 일으키는 부분
  - 정류자 : 전기자 권선에서 일어난 교류 기전력을 직류로 바꾸어주는 부분
  - 브러시 : 정류자편과 접촉하여 전기자 권선과 외부 회로를 연결
- 유기기전력

$$E = \frac{PZ\phi N}{60a} [V]$$

- P : 극수
- Z : 전기자 도체 총수
- ϕ : 매극의 자속수[Wb]
- N : 회당회전수[rpm]
- a : 병렬회로수(중권 = 극수, 파권 = 2)

01-1

4극, 중권, 총도체수 500, 1극의 자속수가 0.01[Wb]인 직류발전기가 100[V]의 기전력을 발생시키는 데 필요한 회전수는 몇 [rpm]인가?

① 1,000   ② 1,200
③ 1,600   ④ 2,000

▶ 정답&해설

[해설] 유기 기전력
- 극수 $P = 4$극
- 총 도체수 $Z = 500$
- 자속수 $\phi = 0.01$[Wb]
- 병렬회로수 $a = 4$(파권 $a = 2$ 중권 $a = P$)
- 유기 기전력 $E = 100$[V]

회전수 N을 기준으로 식을 정리하면,

$$N = \frac{E60a}{PZ\phi} = \frac{100 \times 60 \times 4}{4 \times 600 \times 0.01} = 1,200 [rps]$$

[정답] ②

02 전기자 반작용

- 전기자 전류가 만드는 자속에 의해 계자가 만드는 주자속이 영향을 받아 자속 분포가 변하는 현상
- 전기자 반작용을 줄이고 양호한 정류를 얻는 방법
  - 보극 및 보상권선 사용
  - 브러시를 중성축으로 이동(발전기 - 회전방향, 전동기 - 회전 반대방향)

02-1

직류 발전기의 전기자 반작용의 영향이 아닌 것은?

① 주자속이 증가한다.
② 전기적 중성축이 이동한다.
③ 정류작용에 악영향을 준다.
④ 정류자편 사이의 전압이 불균일하게 된다.

난이도 ☆☆☆   복습 ☐☐☐☐☐

▶ 정답&해설
해설 전기자 반작용 현상이 일어나면 주자속이 영향을 받아 감소한다.
정답 ①

03 정류자 편간전압

$$e = \frac{pE}{K} [V]$$

- P : 극수
- E : 유기기전력
- K : 정류자 편수

03-1

직류 발전기의 유기기전력이 230[V], 극수가 4, 정류자 편수가 162인 정류자 편간 전압은 약 몇[V]인가? (단, 권선법은 중권이다)

① 5.68
② 6.28
③ 9.42
④ 10.2

정답&해설

해설 정류자 편간 전압
- 극수 $P=4$극, 유기 기전력 $E=230$[V], 정류자 편수 $K=162$

$$e_a = \frac{4 \times 230}{162} = 5.68 [V]$$

정답 ①

04 회로 해석

- 옴의 법칙

  $V = IR[V]$ $I = \dfrac{V}{R}[A]$ $R = \dfrac{V}{I}[\Omega]$

  $P = VI[W]$ $I = \dfrac{P}{V}[A]$ $V = \dfrac{P}{I}[V]$

- 직병렬 회로
  - 직렬＝전류는 일정하고 전압은 분배된다.
  - 병렬＝전압은 일정하고 전류는 분배된다.

난이도 ☆☆☆   복습 □□□□□

05 타여자 발전기

- 계자권선을 외부의 전원으로 여자시키는 방법
- 유기기전력

$$E = V + I_a R_a + e_a + e_b [V]$$

- V : 단자전압
- I_a : 전기자전류
- R_a : 전기자저항
- e_a : 전기자반작용에 의한 전압강하
- e_b : 브러시 접촉저항에 의한 전압강하
- 잔류자기가 없어도 발전가능

난이도 ☆☆☆   **복습** □□□□□

05-1

부하정격이 5[kW], 100[V], 50[A], 1800[rpm]인 타여자 직류 발전기가 있다. 무부하시의 단자 전압은? (단, 계자 전압 50[V], 계자전류 5[A], 전기자 저항 0.2[Ω]브러시의 전압강하는 2[V]이다)

① 100　　② 112
③ 115　　④ 120

▲ 바로 보기

정답&해설

해설 무부하 시 단자전압은 발전기의 유도기 전력과 같으므로
- 정격전압 $V = 100[V]$
- 전기자 전류 $I_a(=I_1) = 50[A]$
- 전기자 저항 $R_a = 0.2[\Omega]$
- 브러시 전압강하 $e_b = 2[V]$

단자전압 $E = 100 + (50 \times 0.2) + 2 = 112[V]$

정답 ②

06 분권발전기

- 계자권선과 전기자권선을 병렬로 연결 접속하는 방법
- 유기기전력
$$E = V + I_a R_a + e_a + e_b [\text{V}]$$
  - 단자전압 $V = I_f \times R_f$
  - 전기자전류 $I_a = I_f + I$

  | V : 단자전압
  | I_a : 전기자전류
  | R_a : 전기자저항
  | e_a : 전기자반작용에 의한 전압강하
  | e_b : 브러시 접촉저항에 의한 전압강하
- 잔류자기가 없어도 발전가능

06-1

정격전압 100[V], 정격전류 50[A]인 분권발전기의 유기기전력은 몇 [V]인가? (단, 전기자 저항 0.2[Ω], 계자전류 및 전기자 반작용은 무시한다)

① 100 　　　② 120
③ 125 　　　④ 127.5

▲ 바로 보기

 **정답&해설**

해설 유기 기전력

계자전류를 무시하므로 $I_a = I$ 이다.
- 정격전압 $V = 100[\text{V}]$
- 전기자전류 $I_a = I = 50[\text{A}]$
- 전기자 저항 $R_a = 0.2[\Omega]$

$E = 100 + (50 \times 0.2) = 110[\text{V}]$

정답 ①

06-2

정격전압 220[V], 무부하 단자전압 230[V], 정격출력이 4[kW]인 직류 분권발전기의 계자저항이 22[Ω], 전기자 반작용에 의한 전압강하가 5[V]라면 전기자 회로의 저항[Ω]은 약 얼마인가?

① 0.028
② 0.026
③ 0.035
④ 0.042

난이도 ☆☆☆   복습 □□□□□

▲ 바로 보기

▶ 정답&해설

[해설] 분권발전기 유기 기전력

전기자 저항 $R_a = \dfrac{E - V - e_a}{I_a}[\Omega]$

- 유기 기전력 $E =$ 무부하 단자전압 230[V]
- 단자전압 $V = 220$[V]
- 전압강하 $e_a = 5$[V]

전기자전류 $I_a = I + I_f = \dfrac{P}{V} + \dfrac{V}{R_f} = \dfrac{40{,}000}{220} + \dfrac{220}{22} = 191.81$[A]

$R_a = \dfrac{230 - 220 - 5}{191.81} = 0.026[\Omega]$

[정답] ①

07 직권발전기

- 계자권선과 전기자권선을 직렬로 연결하는 방법
- 유기기전력
$$E = V + I_a R_a + I_f R_f + e_a + e_b$$
$$= V + I(R_a + R_f) + e_a + e_b \text{[V]}$$
- 부하전류 $I = I_a = I_f$

| V : 단자전압
| I_a : 전기자전류
| R_a : 전기자저항
| I_f : 계자전류
| R_f : 계자저항
| I : 부하전류
| e_a : 전기자반작용에 의한 전압강하
| e_b : 브러시 접촉저항에 의한 전압강하

07-1

부하전류가 50[A]일 때 단자전압이 100[V]인 직류 직권발전기가 있다. 부하전류가 70[A]이면 단자전압은 몇 [V]인가? (단, 전기자저항과 계자저항은 각각 0.1[Ω]이다)

① 100　　② 110
③ 130　　④ 140

정답&해설

해설 직류 직권발전기 유기기전력 $E = V + (R_a + R_f)I$ [V]
$I = 50$[A], $R_a = R_f = 0.1$[Ω], $V = 100$[V]이면
$E_{50} = 100 + (0.1 + 0.1) \times 50 = 110$[V]이다.

$I = 70$[A]일 때 계자에서 발생하는 자속도 변하기 때문에 유기기전력도 변한다. 즉,
$E_{50} : E_{70} = 50 : 70$
$E_{70} = \frac{70}{50} E_{50} = \frac{70}{50} \times 110 = 154$[V]
$I = 70$[A]일 때 유기기전력은 154[V]이다.
단자전압 V를 기준으로 식을 정리하면
$V = E_{70} - (R_a + R_f)I = 154 - (0.1 + 0.1) \times 70 = 140$[V]이다.

정답 ④

08 복권발전기

- 분권과 직권 발전기를 통합해 놓은 형태
- 가동복권발전기
  - 자속이 서로 합해지도록 연결
- 차동복권발전기
  - 자속이 서로 상쇄되도록 연결
  - 수하특성(부하전류가 증가하면 자속이 감소하여 전압이 떨어지는 현상)을 갖는다.
- 병렬운전 시 균압선을 붙인다.

08-1

직류발전기의 병렬운전에 있어서 균압선을 붙이는 발전기는?

① 타여자발전기
② 직권발전기와 분권발전기
③ 직권발전기와 복권발전기
④ 분권발전기와 복권발전기

정답&해설

해설 계자권선으로 가해지는 전압을 균일하게 하는 것이 균압선의 역할이다. 이것은 직류발전기 중 직권발전기와 복권발전기에 사용된다.

정답 ③

09 전압변동률

$$\varepsilon = \frac{V_0 - V_n}{V_n} \times 100 [\%]$$

- V_0 : 무부하 단자전압
- V_n : 정격전압

09-1

정격 200[V], 10[kW] 직류 분권 발전기의 전압 변동률은 몇인가?

① 2.6 ② 3.0
③ 3.6 ④ 4.5

▲ 바로 보기

정답&해설

해설 전압 변동률
- 무부하 시 단자전압 $V_0 =$ 유도 기전력 E
- 단자전압 $V = 200$[V](= 정격전압)
- 전기자 저항 $R_a = 0.1 [\Omega]$
- 분권 계자 저항 $R_f = 100 [\Omega]$
- 용량 $P = 10$[kW]

$E = V + R_a I_a$ [V]

$I_a = I + I_f = \dfrac{P}{V} + \dfrac{V}{R_f}$ [A]

$E = V + R_a \left(\dfrac{P}{V} + \dfrac{V}{R_f} \right) = 200 + 0.1 \times \left(\dfrac{10 \times 10^3}{200} + \dfrac{200}{100} \right)$

$= 205.2$[V]

$V_0 = E$이므로

$\varepsilon = \dfrac{E - V}{V} \times 100 = \dfrac{205.2 - 200}{200} \times 100 = 2.6 [\%]$

정답 ①

10 직류전동기 토크

$$T = \frac{pZ\phi I_a}{2\pi a} [\text{N}\cdot\text{m}]$$

$$T = 0.975 \frac{P}{N} [\text{kg}\cdot\text{m}]$$

- p : 극수
- z : 전기차 총 도체수
- ϕ : 자속수[Wb]
- I_a : 전기자전류[A]
- a : 병렬회로 수
- P : 출력[W]
- N : 회전수[rpm]

난이도 ☆☆☆   복습 ☐☐☐☐☐

10-1

직류 전동기의 역기전력이 220[V], 분당 회전수가 1,200[rpm]일 때, 토크가 15[kg·m]가 발생한다면 전기자 전류는 약 몇 [A]인가?

① 54
② 67
③ 84
④ 96

▲ 바로 보기

정답&해설

해설 직류전동기 토크

전기자 전류 $I_a = \dfrac{T \cdot N}{0.975 \cdot E}$ [A]

- 토크 $T = 15$[kg·m]
- 분단회전수 $N = 1,200$[rpm]
- 역기전력 $E = 220$[V]

$I_a = \dfrac{15 \times 1,200}{0.975 \times 220} = 84$[A]

정답 ③

11 직류전동기 속도특성

- 타여자 전동기, 분권전동기
  ⇒ 정속도 전동기(속도가 부하에 관계없이 거의 일정한 전동기)

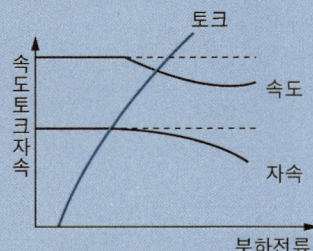

- 직권전동기
  무부하에 가까워지면 속도가 크게 증가하여 위험, 벨트 연결 운전 안됨

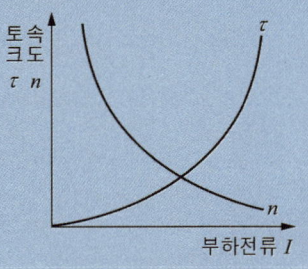

난이도 ☆☆☆   **복습** □□□□□

11-1

속도 특성곡선 및 토크 특성곡선을 나타낸 전동기는?

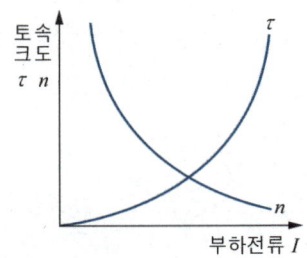

① 직류 분권전동기 ② 직류 직권전동기
③ 직류 복권전동기 ④ 타여자 전동기

▲ 바로 보기

▶ 정답&해설

[해설] 직류 직권전동기의 회전속도 n은 부하전류 I에 반비례하고 토크 τ는 부하전류 I^2에 비례하므로 그래프는 직류 직권전동기의 특성곡선을 나타낸 것이다.

[정답] ②

11-2

직류 전동기에서 정속도 전동기라고 볼 수 있는 전동기는?

① 직류 분권전동기 ② 차동 복권 전동기
③ 화동 복권 전동기 ④ 타여자 전동기

정답&해설

[해설] 부하에 관계없이 회전속도가 거의 일정한 전동기를 정속도 전동기라고 하며 직류전동기에서 회전속도가 거의 일정한 전동기는 전기자 회로와 계자 회로가 독립되어 있는 타여자전동기이다.

[정답] ②

12 직류전동기 속도 특성 곡선

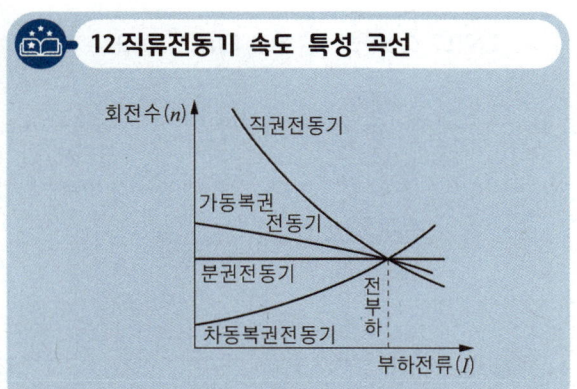

13 직류전동기 토크 특성 곡선

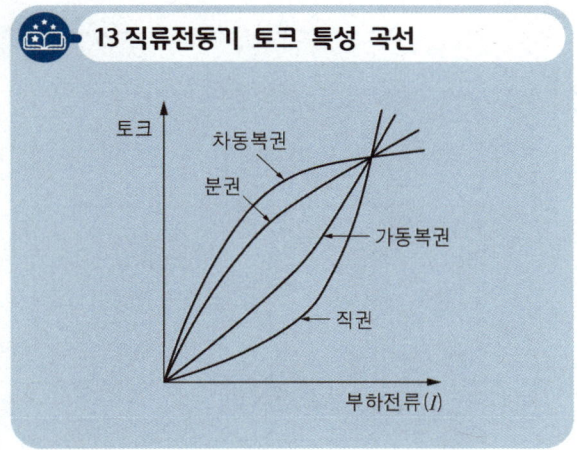

13-1

그림은 여러 직류전동기의 속도 특성곡선을 나타낸 것이다.
1부터 4까지 차례로 옳은 것은?

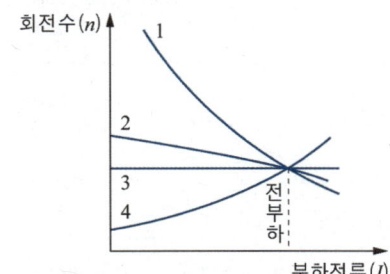

① 차동복권, 분권, 가동복권, 직권
② 직권, 가동복권, 분권, 차동복권
③ 가동복권, 차동복권, 직권, 분권
④ 분권, 직권, 가동복권, 차동복권

▶ 정답&해설

해설 1. 직권, 2. 가동복권, 3. 분권, 4. 차동복권

정답 ②

13-2
다음 직류 전동기 중에서 속도 변동률이 가장 큰 것은?

① 직권 전동기
② 분권 전동기
③ 차동 복권 전동기
④ 가동 복권 전동기

난이도 ☆☆☆　　**복습** □□□□□

> **정답&해설**
>
> **해설** 직류전동기 속도 변동률
> 직권전동기 > 가동 복권전동기 > 분권전동기 > 차동 복권전동기 > 타여자전동기
>
> **정답** ①

14 직류전동기 속도 제어법

- 계자제어법
  - 계자권선에 직렬로 가변저항을 연결하여 계자전류를 변화(정출력 가변속도)
- 직렬 저항 제어법
  - 전기자에 직렬로 가변저항 연결하여 전기자 회로의 저항 값을 변화
- 전압 제어법
  - 전기자에 가해지는 전압을 변화(자속은 변하지 않도록 타여자방식 사용)

14-1

직류 전동기의 속도제어 방법이 아닌 것은?

① 계자 제어법
② 전압 제어법
③ 주파수 제어법
④ 직렬 저항 제어법

▲ 바로 보기

정답&해설

해설 직류전동기의 속도제어 방법
- 저항 제어, 계자 제어, 전압 제어가 있다.
- 주파수 제어와는 무관하다.

정답 ③

14-2

직류 전동기에서 정출력 가변속도의 용도에 적합한 속도 제어법은?

① 워드레오나드제어 ② 계자제어
③ 저항제어 ④ 전압제어

해설 계자제어법은 속도제어 범위가 크지 않아 정출력 제어에 적합하다.

정답 ②

15 직류전동기 제동법

- **발전제동** : 운동에너지를 전기적인 에너지로 변화하여 발생된 전력을 열로 소비하여 제동
- **역전제동** : 전기자의 전류의 반대가 되도록 결선을 바꾸어 회전 반대방향으로 회전력을 발생시켜 제동
- **회생제동** : 전기자 전압이 전원전압보다 크게 되면 발전기로 동작되어 여기서 발생된 전력을 전원측으로 반환하여 제동

15-1

직류 전동기의 제동법 중 동일 제동법이 아닌 것은?

① 회전자의 운동 에너지를 전기 에너지로 변환한다.
② 전기 에너지를 저항에서 열에너지로 소비시켜 제동시킨다.
③ 복권 전동기는 직권 계자 권선의 접속을 반대로 한다.
④ 전원의 극성을 바꾼다.

▲ 바로 보기

정답&해설

해설 운전 중인 직류전동기를 정지시키는 방법을 제동법이라고 하는데 보기 ①, ②, ③은 전동기에 발전기 원리를 적용하여 정지시키는 발전제동의 설명이고 보기 ④은 역전제동을 설명하고 있다.

정답 ④

16 손실

- 고정손(무부하손)
  - 철손 : 히스테리시스손, 와류손
  - 기계손 : 베어링, 브러시의 마찰손, 풍손 등
- 가변손(부하손)
  - 동손 : 전기자 권선 계자 권선의 저항, 브러시 접촉 저항
  - 표류부하손 : 정류되는 단락권선 내의 전류, 자속 분포 변화

16-1

직류기의 손실 중에서 기계손으로 옳은 것은?

① 풍손 ② 와류손
③ 표류 부하손 ④ 브러시의 전기손

정답 & 해설

해설 직류기의 손실 중 기계손은 풍손, 마찰손 등이 있다.

정답 ①

17 효율

- 실측효율(직접측정) = $\dfrac{\text{출력}}{\text{입력}} \times 100[\%]$
- 규약효율(전기적으로 측정)
  - 발전기 규약효율 = $\dfrac{\text{출력}}{\text{출력} + \text{손실}} \times 100[\%]$
  - 전동기 규약효율 = $\dfrac{\text{입력} - \text{손실}}{\text{입력}} \times 100[\%]$

17-1

직류 전동기의 규약 효율을 나타낸 식으로 옳은 것은?

① $\dfrac{\text{출력}}{\text{입력}} \times 100[\%]$

② $\dfrac{\text{입력}}{\text{입력} \times \text{손실}} \times 100[\%]$

③ $\dfrac{\text{출력}}{\text{출력} \times \text{손실}} \times 100[\%]$

③ $\dfrac{\text{입력} - \text{손실}}{\text{입력}} \times 100[\%]$

▲ 바로 보기

정답&해설

해설 규약효율

효율 $\eta = \dfrac{\text{출력}}{\text{출력} + \text{손실}} \times 100 = \dfrac{\text{입력} - \text{손실}}{\text{입력}} \times 100[\%]$

정답 ④

18 동기 발전기 구조

- 고정자 : 전기자 권선, 전기자 철심, 고정자틀
- 회전자
  - 철극형(돌극형) : 부하각 60°에서 최대출력 발생

    출력 $P ≒ \dfrac{EV}{x_d}\sin\delta + \dfrac{V^2(x_d - x_q)}{2x_d x_q}\sin2\delta$

  - 비철극형(원통형) : 부하각 90°에서 최대출력 발생

    출력 $P ≒ \dfrac{EV}{x_x}\sin\delta$ (3상)$P ≒ \dfrac{3EV}{x_x}\sin\delta$

- E : 유기기전력
- V : 단자전압
- δ : 부하각
- x_d : 직축동기리액턴스
- x_q : 횡축동기리액턴스
- x_s : 동기리액턴스

※ 리액턴스 크기 비교 - 돌극형 동기발전기 : $x_d > x_q$

18-1

돌극형 동기 발전기의 특성이 아닌 것은?

① 직축 리액턴스 및 횡축 리액턴스의 값이 다르다.
② 내부 유기기전력과 관계없는 토크가 존재한다.
③ 최대 출력의 출력각이 90도이다.
④ 리액션 토크가 존재한다.

해설 돌극형 동기발전기의 최대 출력각은 60°이다.
정답 ③

18-2

돌극형 동기 발전기에서 직축 동기 리액턴스를 X_d, 횡축 동기 리액턴스를 X_q라 할 때의 관계는?

① $X_d = X_q$
② $X_d < X_q$
③ $X_d > X_q$
④ $X_d \ll X_q$

난이도 ☆☆☆   복습 ☐☐☐☐☐

▲ 바로 보기

정답&해설

해설
- 돌극형 동기발전기
  직축 동기 리액턴스 $X_d >$ 횡축 동기 리액턴스 X_q
- 비돌극형 동기발전기
  직축 동기 리액턴스 $X_d =$ 횡축 동기 리액턴스 X_q

정답 ②

19 전기자 권선법

- 분포권 : 1극 1상의 홈 수가 2개 이상으로 되어있어 1상의 코일을 고르게 분포시켜 감는 권선법
- 분포계수 $K_d = \dfrac{\sin\dfrac{n\pi}{2m}}{q\sin\dfrac{n\pi}{2mq}}$

  - n : 고조파차수
  - q : 매국매상슬롯수 = $\dfrac{\text{총슬롯수}}{\text{상수}\times\text{극수}}$
  - m : 상수

- 단절권 : 코일 피치가 자극 피치보다 작게하여 코일을 감는 권선법
- 단절권 계수 $K_P = \sin\dfrac{n\beta\pi}{2}$

  - $\beta = \dfrac{\text{코일간격}}{\text{극간격}}$

- 분포권과 단절권의 장점 = 기전력 파형이 좋아진다.

19-1

동기기의 권선법 중 기전력의 파형이 좋게되는 권선법은?

① 단절권, 분포권
② 단절권, 집중권
③ 전절권, 집중권
④ 전절권, 2층권

정답&해설

해설 단절권은 고조파를 제거하고 분포권은 고조파를 감소시켜 기전력의 파형을 좋게 한다.

정답 ③

19-2

4극 3상 동기기가 48개의 슬롯을 가진다. 전기자 권선 분포계수 K_d를 구하면 약 얼마인가?

① 0.923
② 0.945
③ 0.957
④ 0.969

난이도 ☆☆☆ **복습** □□□□□

정답&해설

[해설] 분포계수

매극 매상 슬롯수 $q = \dfrac{슬롯수}{매극 \times 매상} = \dfrac{48}{4 \times 3} = 4$, 상수 $m = 3$

$$K_d = \dfrac{\sin\dfrac{\pi}{2 \times 3}}{4 \times \sin\dfrac{\pi}{2 \times 3 \times 4}} = 0.957$$

[정답] ③

20 전기자 반작용(주자속이 영향을 받는 현상)

- 횡축 반작용(교차 자화 작용) : 전기자 전류에 의한 자속 방향과 계자 자속의 방향이 90°일 때(역율=1)
- 직축 반작용
  - 감자작용 : 전기자 전류에 의한 자속 방향과 계자 자속 방향이 반대 일 때(뒤진역율, 뒤진 전류)
  - 증자작용 : 전기자 전류에 의한 자속 방향과 계자 자속방향이 같을 때(앞선역율, 앞선 전류)
- ※ 참고
  뒤진=지상=리액터=유도성=인덕턴스
  앞선=진상=콘덴서=용량성=캐패시턴스

난이도 ☆☆☆   복습 □□□□□

20-1

동기발전기에서 전기자 반작용을 설명한 것 중 옳은 것은?

① 공급전압보다 앞선 전류는 증자작용을 한다.
② 공급전압보다 뒤진 전류는 증자작용을 한다.
③ 공급전압보다 앞선 전류는 교차자화작용을 한다.
④ 공급전압보다 뒤진 전류는 교차자화작용을 한다.

▲ 바로 보기

정답&해설

해설 동기전동기에서 전기자 반작용 현상이 일어났을 때
- 공급전압보다 앞선 전류(진상전류)는 감자작용을 한다.
- 공급전압보다 뒤진 전류(지상전류)는 증자작용을 한다.

정답 ①

 21 동기 임피던스

$$Z_s \equiv \frac{E_n}{I_s} = \frac{V_n}{\sqrt{3}\,I_s}[\Omega]$$

- $\%Z_s = \frac{PZ_s}{10\,V^2}[\%]$

- 단락비 $K_s = \frac{1}{Z[PU]}$

21-1

정격출력 5,000[kVA], 정격전압 3.3[kV], 동기 임피던스가 매상 1.8[Ω]인 3상 동기 발전기의 단락비는 약 얼마인가?

① 1.1 ② 1.2
③ 1.3 ④ 1.4

▲ 바로 보기

정답&해설

해설 단락비

$\%Z_s = \frac{\sqrt{3}\,I_n Z_s}{V_n} \times 100 = \frac{PZ_s}{V_n^2} \times 100 = \frac{5{,}000 \times 10^3 \times 1.8}{(3.3 \times 10^3)^2} \times 100$
$= 82.65[\%]$

$K_s = \frac{100}{82.65} = 1.2$

정답 ②

22 동기 발전기의 안정도 향상대책

- 단락비를 크게 한다.
- 영상, 역상 임피던스를 크게 한다.
- 동기 임피던스를 작게 한다.
- 정상 임피던스는 작게 한다.

22-1

동기 발전기의 안정도를 증진시키기 위한 대책이 아닌 것은?

① 속응 여자 방식을 사용한다.
② 정상 임피던스를 작게 한다.
③ 역상·영상 임피던스를 작게 한다.
④ 회전자의 플라이 휠 효과를 크게 한다.

▲ 바로 보기

> **정답&해설**
>
> [해설] 동기발전기 안정도 증진 대책
> - 단락비와 역상, 영상 임피던스를 크게 한다.
> - 속응 여자 방식을 사용한다.
> - 정상 임피던스를 작게 한다.
> - 회전자의 플라이 휠 효과와 관성모멘트를 크게 한다.
>
> [정답] ③

23 동기 발전기의 병렬운전 조건

- 기전력의 크기, 위상, 주파수, 파형이 같을 것

난이도 ☆☆☆ **복습** ☐☐☐☐☐

23-1

3상 동기발전기를 병렬 운전시키는 경우 고려하지 않아도 되는 조건은?

① 기전력의 파형이 같을 것
② 기전력의 주파수가 같을 것
③ 회전수가 같을 것
④ 기전력의 크기가 같을 것

▲ 바로 보기

정답&해설

해설 동기발전기 병렬운전 조건
기전력의 크기, 위상, 주파수, 파형이 같고 상회전 방향이 같아야 한다. 회전수와는 무관하다.

정답 ③

24 전압변동률

$$\varepsilon = \frac{V_0 - V_n}{V_n} \times 100\,[\%]$$

- V_0 : 무부하 단자전압
- V_n : 정격단자전압

24-1

3상 동기 발전기를 병렬운전 시키는 경우 고려하지 않아도 되는 조건은?

① 기전력의 파형이 같을 것
② 회전수가 같을 것
③ 기전력의 주파수가 같을 것
④ 기전력의 크기가 같을 것

▲ 바로 보기

▶ 정답&해설

해설 동기발전기 병렬운전 조건
기전력의 크기, 위상, 주파수, 파형이 같을 것
정답 ①

24-2

정격 6,600[V]인 3상 동기 발전기가 정격출력(역률=1)으로 운전할 때 전압 변동률이 12[%]였다. 여자와 회전수를 조정하지 않은 상태로 무부하 운전하는 경우 단자전압[V]은?

① 7,842　　　　② 7,392
③ 6,943　　　　④ 6,433

정답&해설

해설 전압 변동률

V_0를 기준으로 식을 정리하면,

$V_0 = \dfrac{V_n \varepsilon}{100} + V_n = \dfrac{(6,600 \times 12)}{100} + 6,600 = 7,392$[V]

정답 ②

25 동기 전동기

- 동기 전동기
  - 역률 조정이 가능하며 전동기 중 역률이 가장 좋다.
- 동기 전동기 기동법
  - 자기 기동법 : 제동권선을 설치하여 기동
    (제동권선 : 난조방지, 기동토크발생)
  - 기동 전동기법 : 기동용 전동기를 회전시켜 기동
- 동기 전동기 전기자 반작용
  - 감자작용 : 앞선전류
  - 증자작용 : 뒤진전류

25-1

다음 전동기 중 역률이 가장 좋은 전동기는?

① 동기 전동기
② 반발 기동 전동기
③ 농형 유도 전동기
④ 교류 정류자 전동기

해설 동기전동기는 항상 역률이 1인 상태로 운전이 가능하다.

정답 ①

25-2
동기 전동기에 설치된 제동권선의 효과는?

① 정지시간의 단축 ② 출력 전압의 증가
③ 기동 토크의 발생 ④ 과부하 내량의 증가

난이도 ☆☆☆   복습 □□□□□

정답&해설

해설 제동권선은 기동토크를 발생하여 난조를 방지하는 효과가 있다.

정답 ③

25-3

동기 전동기에서 감자작용을 할 때는 어떤 경우인가?

① 공급 전압보다 앞선 전류가 흐를 때
② 공급 전압보다 뒤진 전류가 흐를 때
③ 공급 전압과 동상 전류가 흐를 때
④ 공급 전압에 상관없이 전류가 흐를 때

▶ 정답&해설

해설 동기전동기의 전기자 반작용에서 공급 전압보다 앞선 전류, 즉 진상 전류가 흐를 때 감자작용을 한다.

정답 ①

26 동기 전동기의 위상특성 곡선(V곡선)

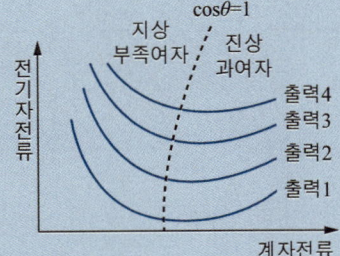

- 진상
  - 앞선전류(전류가 전압보다 위상이 앞섬)
  - 진상역률
  - 콘덴서
- 지상
  - 뒤진전류(전류가 전압보다 위상이 뒤짐)
  - 지상역률
  - 리액터
- 출력1 < 출력4

26-1

동기 전동기의 위상특성곡선(V곡선)에 대한 설명으로 옳은 것은?

① 출력을 일정하게 유지할 때 부하전류와 전기자전류의 관계를 나타낸 곡선
② 역률을 일정하게 유지할 때 계자전류와 전기자전류의 관계를 나타낸 곡선
③ 계자전류를 일정하게 유지할 때 전기자전류와 출력사이의 관계를 나타낸 곡선
④ 공급전압 V와 부하가 일정할 때 계자전류의 변화에 대한 전기자전류의 변화를 나타낸 곡선

정답 & 해설

해설 동기전동기의 위상특성곡선(V곡선)은 공급전압과 부하가 일정할 때 계자전류와 전기자전류가 변화함에 따른 관계를 나타낸 곡선이다.

정답 ④

26-2

동기 전동기의 V특성곡선(위상특성 곡선)에서 무부하 곡선은?

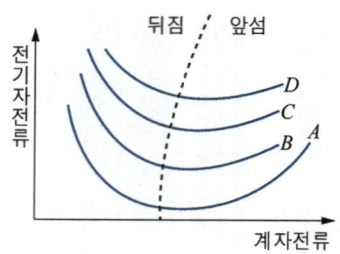

① A
② B
③ C
④ D

▲ 바로 보기

▶ 정답&해설

[해설] 전기자 전류가 커질수록 곡선은 위로 이동한다. 즉, 전기자 전류가 가장 작을 때가 무부하 상태라고 볼 수 있는 데 그림에서 A 그래프가 전기자 전류가 가장 작은 상태를 나타낸다.

[정답] ①

27 변압기

- 변압기
  - 전압의 크기를 바꾸어 주는 기기
- 권수비
$$a = \frac{n_1}{n_2} = \frac{V_1}{V_2} = \frac{E_1}{E_2} = \frac{I_2}{I_1}$$
- 변압기 유기기전력
$$E = 4.44 f n \phi_m \text{[V]}$$

난이도 ☆☆☆   **복습** □□□□□

27-1

권수비 a = $\frac{6,600}{220}$, 60[Hz], 변압기의 철심 단면적 0.02[m²], 최대자속밀도 1.2[Wb/m²]일 때 1차 유기기전력은 약 몇 [V]인가?

① 1,407   ② 3,521
③ 42,198   ④ 49,814

▲ 바로 보기

정답&해설

해설 변압기 1차측 유도기전력
- 주파수 $f = 60$[Hz]
- 1차 권수 $N_1 = 6,600$[회]
- 최대 자속 $\phi_m = 1.2 \times 0.02 = 0.024$[Wb]
$E_1 = 4.44 \times 60 \times 6,600 \times 0.024 = 42,198$[V]

정답 ③

28 유입변압기 구비조건

- 절연내력이 클 것
- 점도가 낮고 냉각 효과가 클 것
- 인화점이 높고 응고점이 낮을 것
- 절연재료와 화학반응을 일으키지 않을 것

28-1

변압기에서 사용되는 변압기유의 구비 조건으로 틀린 것은?

① 점도가 높을 것
② 응고점이 낮을 것
③ 인화점이 높을 것
④ 절연 내력이 클 것

난이도 ☆☆☆　**복습** □□□□□

▶ 정답&해설

[해설] 변압기유(절연유)의 구비 조건 중 점도는 낮아야 한다.
[정답] ①

29 변압기 시험

- 무부시험 : 철손 측정
- 단락시험 : 동손 측정
- 온도상승 시험 : 반환 부하법

29-1

변압기에서 철손을 알 수 있는 시험은?

① 유도 시험　　② 단락 시험
③ 부하 시험　　④ 무부하 시험

▲ 바로 보기

▶ 정답&해설
해설 무부하 시험을 통해 확인할 수 있는 항목
철손, 와류손, 히스테리시스손, 무부하 전류, 여자 어드미턴스
정답 ④

난이도 ☆☆☆　　복습 □□□□□

29-2

변압기 온도상승 시험을 하는 데 가장 좋은 방법은?

① 충격전압 시험
② 단락 시험
③ 반환 부하법
④ 무부하 시험

정답&해설

해설 변압기 온도상승 시험은 반환 부하법과 실부하법이 있다.

정답 ③

30 변압기 1차 2차 환산

- 1차를 2차측으로 환산
- 1차를 2차로 환산한 2차 저항
$$r_2 = \frac{1}{a^2}r_1$$
- 1차를 2차로 환산한 2차 리액턴스
$$r_2 = \frac{1}{a^2}r_1$$
- 1차를 2차로 환산한 2차 임피던스
$$r_2 = \frac{1}{a^2}r_1$$
- 1차를 2차로 환산한 2차 어드미턴스
$$r_2 = \frac{1}{a^2}r_1$$

- 2차를 1차측으로 환산
- 2차를 1차로 환산한 1차 저항
$$r_1 = a^2 r_2$$
- 2차를 1차로 환산한 2차 리액턴스
$$x_1 = a^2 x_2$$
- 2차를 1차로 환산한 2차 임피던스
$$Z_1 = a^2 Z_2$$
- 2차를 1차로 환산한 2차 어드미턴스
$$Y_1 = \frac{1}{a^2} Y_2$$

30-1

$\frac{6{,}300}{210}$[V], 20[KVA] 단상변압기 1차 저항과 리액턴스가 각각 15.2[Ω]과 21.6[Ω], 2차 저항과 리액턴스가 각각 0.019[Ω]과 0.028[Ω]이다. 백분율 임피던스는 약 몇 [%]인가?

① 1.86　　　　　② 2.86
③ 3.86　　　　　④ 4.86

정답&해설

해설 %임피던스

$$\%Z = \frac{PZ}{10V^2}$$

[참고] P[kVA], V[kV]

- $P = 20$[kVA]
- Z = 1차 임피던스 Z_1 + 2차를 1차로 환산한 임피던스 Z_{12}

$Z_1 = r_1 + jx_1 = 15.2 + j21.6$

$Z_{12} = a^2 r_2 + ja^2 x_2 = \left(\frac{6{,}300}{210}\right)^2 \cdot 0.019 + j\left(\frac{6{,}300}{210}\right)^2 \cdot 0.028$

$= 17.1 + j25.2$

$Z = (15.2 + j21.6) + (17.1 + j25.2) = 32.3 + j46.8$

$= \sqrt{32.3^2 + 46.8^2} = 56.86$[Ω]

- $V = 6{,}300$[V] $= 6.3$[kV]

∴ $\%Z = \frac{20 \times 56.86}{10 \times 6.3^2} = 2.86$[%]

정답 ②

31 변압기 시험

- 무부하시험 : 철손 측정
- 단락시험 : 동손, 임피던스와트, 임피던스전압 측정 전압변동률 계산에 필요한 수치를 얻기 위한 시험
- 온도상승 시험 : 반환 부하법

31-1

변압기에서 철손을 구할 수 있는 시험은?

① 유도시험 ② 단락시험
③ 부하시험 ④ 무부하시험

정답&해설

해설 변압기 시험
- 무부하시험(개방회로 시험)으로 무부하 전류, 철손(히스테리시스손, 와류손), 여자어드미턴스 등을 측정할 수 있다.
- 단락시험으로 임피던스 전압, 동손, 퍼센트 임피던스 등을 측정할 수 있다.

정답 ④

빈출특강

 32 임피던스 전압

- 변압기 단락시험 시 1차에 정격 전류가 흘렀을 때 변압기에서의 전압강하

$$V_s = \frac{\%Z}{100} \times V_n [V]$$

※ 참고

단락전류 $I_s = \frac{100}{\%Z} I_n [A]$

- $\%Z = \sqrt{p^2 + q^2} = \frac{PZ}{10V^2} [\%]$

  | p : %저항강하
  | q : %리액턴스강하

난이도 ☆☆☆   복습 ☐☐☐☐☐

32-1

변압기 단락시험에서 변압기의 임피던스 전압이란?

① 여자 전류가 흐를 때의 2차측 단자전압
② 정격 전류가 흐를 때의 2차측 단자전압
③ 2차 단락 전류가 흐를 때의 변압기 내의 전압강하
④ 정격 전류가 흐를 때의 변압기 내의 전압강하

▲ 바로 보기

정답&해설

해설 임피던스 전압은 1차측과 2차를 1차로 환산한 임피던스의 합에 1차측 정격전류를 곱한 값으로 나타내며 ($V_s = Z_{12} \times I_{1n}$) 정격전류가 흐를 때의 변압기 내의 전압강하를 의미한다.

정답 ④

33 변압기 전압변동률

- 지상 역율 일 때
  $\varepsilon = p\cos\theta + q\sin\theta$
- 진상 역율 일 때
  $\varepsilon = p\cos\theta - q\sin\theta$
- 최대 전압 변동률
  $\varepsilon_{max} = \sqrt{p^2+q^2}$
  - p : %저항강하
  - q : %리액턴스강하

33-1

변압기의 백분율 저항강하가 3[%], 백분율 리액턴스 강하가 4[%]일 때 뒤진 역률 80[%]인 경우의 전압변동률[%]은?

① 2.5　　　　② 3.4
③ 4.8　　　　④ -3.6

▲ 바로 보기

정답&해설

해설 부하역률이 지상(뒤진)일 때 전압변동률
- %저항강하 $p=3[\%]$
- %리액턴스 강하 $q=4[\%]$
- 역률 $\cos\theta=0.8$, $\sin\theta=0.6$
  $\varepsilon = 3\times0.8+4\times0.6 = 4.8[\%]$

정답 ④

33-2

단상 변압기에 있어서 부하역률 80[%]의 지상역률에서 전압 변동률 4[%]이고, 부하역률 100[%]에서 전압 변동률 3[%]라고 한다. 이 변압기의 퍼센트 리액턴스는 약 몇 [%]인가?

① 2.7 ② 3.0
③ 3.3 ④ 3.6

▲ 바로 보기

정답&해설

해설 전압 변동률
- p : %저항 강하
- q : %리액턴스 강하

$\cos\theta = 100[\%]$일 때 $\sin\theta = 0[\%]$
$\varepsilon_{100} = (p \times 1) + (q \times 0) = 3[\%]$ → %저항 강하
$\cos\theta = 80[\%]$일 때 $\sin\theta = 60[\%]$
$\varepsilon_{80} = (3 \times 0.8) + (q \times 0.6) = 4[\%]$이므로
%리액턴스 강하 q를 기준으로 정리하면
$q = \dfrac{4 - (3 \times 0.8)}{0.6} = 2.7[\%]$

정답 ①

34 변압기 결선

- △ − △
  선간전압 $V_l = $ 상전압 $V_p \angle 0°$
  선전류 $I_l = \sqrt{3} \times$ 상전류 $I_p \angle -30°$
- Y − Y 결선
  선간전압 $V_l = \sqrt{3}$ 상전압 $V_p \angle 30°$
  선전류 $I_l = $ 상전류 $I_p \angle 0°$

34-1

3상 변압기를 1차 Y, 2차 △ 로 결선하고 1차에 선간전압 3,300[V]를 가했을 때의 무부하 2차 선간전압은 몇 [V]인가? (단, 전압비는 30 : 1이다)

① 63.4   ② 110
③ 173   ④ 190.5

▲ 바로 보기

정답 & 해설

해설 전압비 $a = \dfrac{V_1}{V_2}$ 이므로 $V_2 = \dfrac{V_1}{a}$ 이다.

- 전압비 $a = 30$
  $Y - △$ 결선에서 2차 △결선의 선간전압 V_2는 1차 Y결선 선간전압의 $\dfrac{1}{\sqrt{3}}$ 배이므로 $V_2 = \dfrac{V_1}{\sqrt{3}}$ 이다.

  즉, $V_2 = \dfrac{\frac{V_1}{\sqrt{3}}}{a} = \dfrac{V_1}{\sqrt{3}\,a} = \dfrac{3,300}{\sqrt{3} \times 30} = 63.4$[V]이다.

정답 ①

34-2

변압기의 1차측을 Y결선, 2차측을 △ 결선으로 한 경우 1차와 2차간의 전압의 위상변위는?

① 0° ② 30°
③ 45° ④ 60°

난이도 ☆☆☆   복습 □□□□□

> **정답&해설**
>
> [해설] $Y-\triangle$ 결선 또는 $\triangle-Y$ 결선을 했을 때 1차와 2차의 전압과 전류는 30°의 위상차가 발생한다.
>
> [정답] ②

35 변압기 병렬운전 조건

- 극성이 같을 것
- 1차 2차 정격전압이 같을 것
- 권수비가 같을 것
- 임피던스 강하가 같을 것
- 상회전 방향이 같을 것
- 위상이 같을 것

운전 가능	운전 불가능
△-△와 △-△	
Y-Y와 Y-Y	△-△와 △-Y
△-△와 Y-Y	
Y-Y와 △-△	
△-Y와 Y-△	△-Y와 Y-Y
△-Y와 △-Y	

35-1

단상 변압기의 병렬운전 조건에 대한 설명 중 잘못된 것은?

① 각 변압기의 극성이 일치할 것
② 각 변압기의 권수비가 같고 1차 및 2차 정격전압이 같을 것
③ 각 변압기의 백분율 임피던스 강하가 같을 것
④ 각 변압기의 저항과 임피던스의 비는 x/r일 것

▲ 바로 보기

▶ 정답&해설

해설 변압기 병렬운전 조건에서 저항과 리액턴스의 비는 같아야 한다.

정답 ④

35-2

3상 변압기를 병렬 운전하는 경우 불가능한 조합은?

① △ − △ 와 Y − Y
② △ − Y 와 Y − △
③ △ − Y 와 △ − Y
④ △ − Y 와 △ − △

난이도 ☆☆☆   복습 □□□□□

▲ 바로 보기

정답&해설

해설 변압기 병렬운전이 불가능한 경우
△-△와 △-Y, △-△와 Y-△, Y-Y와 △-Y, Y-Y와 Y-△

정답 ④

36 변압기 내부고장 보호

- 비율차동 계전기
- 부흐홀쯔 계전기
- 압력 계전기
- 가스검출 계전기
- 과전류 계전기
- 온도 계전기

36-1

변압기 보호에 사용되지 않는 것은?

① 비율차동 계전기　② 임피던스 계전기
③ 과전류 계전기　　④ 온도 계전기

▲ 바로 보기

▶ 정답&해설

[해설] 임피던스 계전기는 전력 계통을 보호하기 위해 사용되는 계전기이다.

[정답] ②

37 V-V 결선

- 출력비 = 57.7[%]
- 이용율 = 86.6[%]

37-1

변압기 2대를 사용하여 V결선으로 3상 변압하는 경우 변압기 이용률은 얼마[%]인가?

① 47.6 ② 57.7
③ 66.6 ④ 86.6

▲ 바로 보기

정답&해설

[해설] 변압기 이용률

$\dfrac{\text{V 결선에서의 단상변압기출력}}{\triangle \text{ 결선에서의 단상변압기출력}} \times 100$

$= \dfrac{\dfrac{VI\cos\theta}{2}}{\dfrac{\sqrt{3}\,VI\cos\theta}{3}} \times 100 = \dfrac{\dfrac{1}{2}}{\dfrac{\sqrt{3}}{3}} \times 100 = 86.6[\%]$

[정답] ④

38 변압기 상수 변환

- 3상 2상 상수 변환
  스코트결선, 메이어결선, 우드 브릿지 결선
- 3상 3상 상수 변환
  환상결선, 2중 3각 결선, 2중 성형 결선, 대각결선, 포크결선

난이도 ☆☆☆   **복습** □□□□□

38-1

변압기의 3상 전원에서 2상 전원을 얻고자 할 때 사용하는 결선은?

① 스코트 결선 ② 포크 결선
③ 2중 델타 결선 ④ 대각 결선

▲ 바로 보기

정답&해설

해설 3상 전원을 2상으로 전환
- 스코트 결선(T 결선)
- 메이어 결선
- 우드브리지 결선

정답 ①

39 유도전동기

- 동기속도 $N_s = \dfrac{120f}{P}$ [rpm]
- 슬립 $s = \dfrac{N_s - N}{N_s} \times 100$ [%]
- $N = (1-s)N_s$ [rpm]
- 2차 전압 $E_{2s} = sE_2$
- 2차 주파수 $f_2 = sf$

난이도 ☆☆☆   복습 □□□□□

39-1

주파수 60[Hz] 슬립 0.2인 경우 회전자 속도가 720[rpm]일 때 유도 전동기의 극수는?

① 4   ② 6
③ 8   ④ 12

▲ 바로 보기

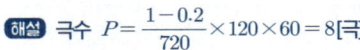

[해설] 극수 $P = \dfrac{1-0.2}{720} \times 120 \times 60 = 8$[극]

- 슬립 $s = 0.2$
- 회전자 속도 $N = 720$[rpm]
- 주파수 $f = 60$[Hz]
- 동기속도 N_s

[정답] ③

39-2

권선형 유도 전동기의 전부하 운전 시 슬립이 4[%]이고, 2차 정격전압이 150[V]이면 2차 유도기전력은 몇 [V]인가?

① 9 ② 8
③ 7 ④ 6

정답&해설

해설 유도전동기 운전 시 2차 유도 기전력
- 슬립 : $s = 4[\%] = 0.04$
- 2차 정격전압 : 150[V]

$E_{2s} = 0.04 \times 150 = 6[V]$

정답 ④

40 비례추이

- 권선형 유도 전동기의 2차저항이 증가함에 따라 슬립이 비례하여 증가하는 것

난이도 ☆☆☆   복습 □□□□□

40-1

비례추이와 관계있는 전동기로 옳은 것은?

① 동기전동기
② 농형 유도전동기
③ 단상정류자전동기
④ 권선형 유도전동기

▲ 바로 보기

▶ 정답&해설

해설 비례추이
3상 권선형 유도전동기의 2차 외부 저항의 크기를 변화시켜 토크, 역률, 1차, 2차 전류를 변화시키는 것

정답 ④

41 유도전동기 기동법

- 전전압기동 : 5[kW]이하 소형 농형 유도전동기
- Y − △기
  - 5 ~ 15[kW] 농형 유도전동기
  - △결선으로 기동 시보다 전류와 토크가 $\frac{1}{3}$로 감소
- 기동보상기법 : 15[kW] 이상 농형 유도전동기
- 리액터기동법 : 리액터를 직렬로 접속하여 기동
- 2차 저항법 : 권선형 유도 전동기에 2차 저항을 연결하여 기동

난이도 ☆☆☆ 복습 □□□□□

41-1

전동기 기동시 1차 각상의 권선에 정격전압의 $\frac{1}{\sqrt{3}}$ 전압이 가해지고, 기동 전류는 전전압기동을 한 경우보다 $\frac{1}{3}$이 되는 기동법은?

① 전전압 기동법
② Y − △ 기동법
③ 기동 보상기법
④ 기동 저항기 기동법

▲ 바로 보기

정답&해설

해설 각상의 권선에 정격전압의 $\frac{1}{\sqrt{3}}$ 전압이 가해지는 결선방식은 Y 결선 방식이며, 정격전압이 같을 때 Y 결선의 전류의 크기는 △결선의 $\frac{1}{3}$ 배 이므로 Y 결선으로 기동하고 △결선으로 운전하는 Y-△ 기동을 설명하는 것이다.

정답 ②

42 유동 전동기 속도제어

- 농형 유도전동기
  - 주파수 제어법, 극수변환법, 전원전압제어
- 권선형 유도전동기
  - 2차저항제어, 2차여자제어, 종속제어

42-1

3상 유도전동기의 속도제어법으로 틀린 것은?

① 1차 저항법
② 극수 제어법
③ 전압 제어법
④ 주파수 제어법

난이도 ☆☆☆ **복습** □□□□□

▲ 바로 보기

▶ 정답&해설

해설
- 농형 유도전동기 속도제어법 : 주파수 제어법, 극수 제어법, 전압 제어법
- 권선형 유도전동기 속도제어법 : 2차저항 제어법, 2차 여자법, 종속 제어법

1차 저항법과는 무관하다.

정답 ①

43 기동 토크 크기 순서

- 반발기동형 > 콘덴서기동형 > 분상기동형 > 세이딩코일형

43-1

단상 유도전동기의 기동 방법 중 기동 토크가 가장 큰 것은?

① 분상 기동형 ② 반발 기동형
③ 세이딩 코일형 ④ 콘덴서 분상 기동형

▶ 정답&해설

해설 유도전동기 기동방법 중 기동 토크가 큰 순서
반발 기동형 > 콘덴서 분상 기동형 > 분상 기동형 > 세이딩 코일형
정답 ①

44 SCR(사이리스터)

- 과전압과 고온에 약하다.
- 적은 게이트 신호로 대전력을 제어한다.
- 고속도의 스위치 작용을 할 수 있다.
- 도통할 때까지의 시간이 짧다.
- 단일 방향 3단자 소자이다.
- 직류 교류 모든 전압 제어가 가능하다.

44-1

실리콘 정류 소자(SCR)와 관계없는 것은?

① 교류 부하에서만 제어가 가능한다.
② 아크가 생기지 않도록 열의 발생이 적다.
③ 턴온 시키기 위해서 필요한 최소의 순 전류를 래칭 전류라 한다.
④ 게이트 신호를 인가할 때부터 도통할 때까지 시간이 짧다.

정답&해설

해설 SCR은 교류와 직류 부하의 제어가 가능하다.

정답 ①

45 TRIAC

- 2개의 SCR을 역으로 접속한 것
- 양방향으로 도통할 수 있다.

45-1

2방향성 3단자 사이리스터는 어느 것인가?

① SCR
② SSS
③ SCS
④ TRIAC

해설 2방향성(양방향성) 3단자 사이리스터 TRIAC(트라이액), 2방향성(양방향성) 2단자 사이리스터 DIAC(다이악)

정답 ④

46 단상 정류회로

- 반파정류 $E_d = \dfrac{\sqrt{2}}{\pi}E = 0.45E$
- 전파 정류 $E_d = \dfrac{2\sqrt{2}}{\pi}E = 0.9E$

46-1

단상반파 정류회로에서 실효치 E와 직류 평균치 E_d와의 관계식으로 옳은 것은?

① $E_d = 0.90E$[V]
② $E_d = 0.81E$[V]
③ $E_d = 0.67E$[V]
④ $E_d = 0.45E$[V]

정답&해설

해설 단상반파 정류회로
$E_d = 0.45E$[V]

정답 ④

47 역전압 (PIV)

- 단상반파 $PIV = \sqrt{2}\,E = \pi E_d$
- 전파 정류 $PIV = 2\sqrt{2}\,E = \pi E_d$
  - E : 교류전압(실효값)
  - E_d : 직류전압

47-1

저항부하를 갖는 정류회로에서 직류분 전압이 220[V]일 때 다이오드에 가해지는 첨두역 전압(PIV)의 크기는 약 몇 [V]인가?

① 346
② 628
③ 692
④ 1,038

정답 & 해설

해설 첨두 역전압

$PIV = E_d = \pi \times 220 = 692[V]$

정답 ③

48 맥동률

$$\frac{교류분}{직류분} \times 100[\%]$$

- 단상 반파 : 121[%]
- 단상 전파 : 48[%]
- 삼상 반파 : 17[%]
- 삼상 전파 : 4[%]

48-1

어떤 정류회로의 부하전압이 50[V]이고 맥동률 3[%]이면 직류 출력전압에 포함된 교류분은 몇 [V]인가?

① 1.2
② 1.5
③ 1.8
④ 2.1

▲ 바로 보기

▶ 정답&해설

[해설] 맥동률
- 맥동률 $v = 3[\%]$, 부하전압 $= 50[V]$

출력전압에 포함된 교류분 $= \dfrac{3 \times 50}{100} = 1.5[V]$

[정답] ②

CHAPTER 4 회로이론

01 회로소자

1) 회로소자
- $R[\Omega]$: 저항
- $L[H]$: 인덕턴스(코일)
- $C[F]$: 커패시턴스(콘덴서)
- 전류의 흐름을 제한하는 요소
    - $R[\Omega]$: 저항
    - $\omega L[\Omega] = X_L[\Omega]$: 유도성 리액턴스($\omega = 2\pi f$[rad/sec])
    - $\dfrac{1}{\omega C}[\Omega] = X_C[\Omega]$: 용량성 리액턴스($\omega = 2\pi f$[rad/sec])
    - $Z = R + jX[\Omega]$: 임피던스
- RLC의 표현방법

회로소자	순시값	기본식(교류)	실효값	복소수(벡터)
저항 R	$e = iR$[V] $i = \dfrac{e}{R}$[A]	$e = E_m \sin\omega t$[V] $i = I_m \sin\omega t$[A]	$E = IR$[V] $I = \dfrac{E}{R}$[A]	$\dot{E} = IR$[V] $\dot{I} = \dfrac{E}{R}$[A]
인덕턴스 L	$e = L\dfrac{di}{dt}$[V] $i = \dfrac{1}{L}\int e\,dt$[A]	$e = E_m \sin\omega t$[V] $i = I_m \sin\left(\omega t - \dfrac{\pi}{2}\right)$[A]	$E = \omega LI$[V] $I = \dfrac{E}{\omega L}$[A]	$\dot{E} = j\omega LI$[V] $\dot{I} = -j\dfrac{E}{\omega L}$[A]
커패시턴스 C	$e = \dfrac{1}{C}\int i\,dt$[V] $i = C\dfrac{de}{dt}$[V]	$e = E_m \sin\omega t$[V] $i = I_m \sin\left(\omega t + \dfrac{\pi}{2}\right)$[A]	$E = \dfrac{I}{\omega C}$[V] $I = \omega CE$[A]	$\dot{E} = -j\dfrac{I}{\omega C}$[V] $\dot{I} = j\omega CE$[A]

2) $R-L$ 직렬회로

- 임피던스 $Z = R + jX_L = R + j\omega L [\Omega]$
- 임피던스 크기 $Z = \sqrt{R^2 + (\omega L)^2}\,[\Omega]$
- 역율 $\cos\theta = \dfrac{R}{Z} = \dfrac{R}{\sqrt{R^2 + \omega L^2}}$
- 저항과 리액턴스의 각 $\theta = \tan^{-1}\dfrac{\omega L}{R}$
- 전류는 전압보다 θ만큼 늦다(늦은 전류, 지상전류).
- 과도현상
  - 전류 $i(t) = \dfrac{E}{R}\left(1 - e^{-\frac{R}{L}t}\right)[A]$
  - 시정수 $\tau = \dfrac{L}{R}$

3) $R-C$ 직렬회로

- 임피던스 $Z = R - jX_C = R - j\dfrac{1}{\omega C}[\Omega]$
- 임피던스 크기 $Z = \sqrt{R^2 + \left(\dfrac{1}{\omega C}\right)^2}\,[\Omega]$
- 역율 $\cos\theta = \dfrac{R}{Z} = \dfrac{R}{\sqrt{R^2 + \left(\dfrac{1}{\omega C}\right)^2}}$
- 저항과 리액턴스의 각 $\theta = \tan^{-1}\dfrac{\dfrac{1}{\omega C}}{R} = \tan^{-1}\dfrac{1}{\omega CR}$
- 전류는 전압보다 θ만큼 빠르다(빠른 전류, 진상전류).
- 과도현상
  - 전류 $i(t) = \dfrac{E}{R}\left(e^{\frac{1}{RC}t}\right)[A]$
  - 시정수 $\tau = RC$

4) $R-L-C$ 직렬회로

- 임피던스 $Z = R + j(X_L - X_C) = R + j\left(\omega L - \dfrac{1}{\omega C}\right) [\Omega]$

- 임피던스 크기 $Z = \sqrt{R^2 + \left(\omega L - \dfrac{1}{\omega C}\right)^2} [\Omega]$

- 역률 $\cos\theta = \dfrac{R}{Z} = \dfrac{R}{\sqrt{R^2 + \left(\omega L - \dfrac{1}{\omega C}\right)^2}}$

- 저항과 리액턴스의 각 $\theta = \tan^{-1} \dfrac{\omega L - \dfrac{1}{\omega C}}{R}$

▲ 바로 보기

직렬회로	임피던스[Ω] 복소수	임피던스[Ω] 크기	저항과 리액턴스의 각 θ	위상차
R-L	$R + jX_L$ $R + j\omega L$	$\sqrt{R^2 + \omega L^2}$	$\tan^{-1}\dfrac{\omega L}{R}$	전류는 전압보다 θ만큼 늦다. (늦은 전류, 지상전류)
R-C	$R - jX_C$ $R - j\dfrac{1}{\omega C}$	$\sqrt{R^2 + \left(\dfrac{1}{\omega C}\right)^2}$	$\tan^{-1}\dfrac{\dfrac{1}{\omega C}}{R}$ $\tan^{-1}\dfrac{1}{\omega CR}$	전류는 전압보다 θ만큼 빠르다. (빠른 전류, 진상전류)
R-L-C	$R + j(X_L - X_C)$ $R + j\left(\omega L - \dfrac{1}{\omega C}\right)$	$\sqrt{R^2 + \left(\omega L - \dfrac{1}{\omega C}\right)^2}$	$\tan^{-1}\dfrac{\omega L - \dfrac{1}{\omega C}}{R}$	

01-1

$R = 30[\Omega]$, $L = 0.127[H]$의 직렬회로에 $v = 100\sqrt{2}\sin 100\pi t$[V]의 전압이 인가할 때 이 회로의 역률은?

① 0.2
② 0.4
③ 0.6
④ 0.8

정답&해설

해설 역률

$\cos\theta = \dfrac{30}{\sqrt{30^2 + (100\pi \times 0.127)^2}} = 0.6$

정답 ③

01-2

$R = 100[\Omega]$, $C = 30[\mu F]$의 직렬회로에 $f = 60[Hz]$, $V = 100[V]$의 교류전압을 인가할 때 전류는 약 몇 [A] 인가?

① 0.42
② 0.64
③ 0.75
④ 0.87

난이도 ☆☆☆ **복습** □□□□□

정답&해설

해설 $I = \dfrac{V}{Z}$

$Z = R - j\dfrac{1}{\omega C} = R - j\dfrac{1}{2\pi f C}$

$= 100 - j\dfrac{1}{2\pi \times 60 \times 30 \times 10^{-6}} = 100 - j88.42$

$|Z| = \sqrt{100^2 + 88.42^2} = 133.48[\Omega]$

$I = \dfrac{100}{133.48} = 0.75[A]$

정답 ③

01-3

인덕턴스 0.5[H], 저항 2[Ω]의 직렬회로에 30[V]의 직류전압을 급히 가했을 때 스위치를 닫은 후 0.1초 후의 전류의 순시값 i[A]와 회로의 시정수 t[s]는?

① $i = 4.95$,　　$t = 0.25$
② $i = 12.75$,　$t = 0.35$
③ $i = 5.95$,　　$t = 0.45$
④ $i = 13.95$,　$t = 0.25$

난이도 ☆☆☆　　복습 □□□□□

▲ 바로 보기

정답&해설

해설 $R-L$ 직류 직렬회로의 과도현상
- $E = 30$[V]
- $R = 2$[Ω]
- $L = 0.5$[H]
- $t = 0.1$[초]

$i = \dfrac{30}{2}(1 - e^{-\frac{2}{0.5} \times 0.1}) = 4.95$[A]

시정수 $\tau = \dfrac{L}{R} = \dfrac{0.5}{2} = 0.25$[초]

정답 ①

01-4

회로에서 스위치를 닫을 때 콘덴서의 초기전하를 무시하면 회로에 흐르는 전류 $i(t)$는 어떻게 되는가?

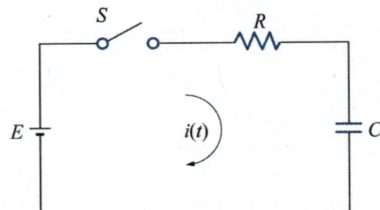

① $\dfrac{E}{R}e^{\frac{C}{R}t}$ ② $\dfrac{E}{R}e^{\frac{R}{C}t}$

③ $\dfrac{E}{R}e^{-\frac{1}{RC}t}$ ④ $\dfrac{E}{R}e^{\frac{1}{RC}t}$

정답&해설

해설 $R-C$ 직류 직렬회로 과도현상

전류 $i(t) = \dfrac{E}{R}e^{-\frac{1}{RC}t}$ [A]

정답 ③

01-5

$R-L-C$ 직렬회로에서 시정수의 값이 작을수록 과도현상이 소멸되는 시간은 어떻게 되는가?

① 짧아진다. ② 관계없다.
③ 길어진다. ④ 일정하다.

난이도 ☆☆☆   복습 □□□□□

▲ 바로 보기

> 정답 & 해설

해설 $t=0$일 때의 입력에서 정상상태에 도달하는 시간을 과도 시간이라고 한다. 과도현상이 일어나는 과도 시간 중 정상상태의 63.2[%](또는 0.632[pu])까지 도달하는 시간을 시정수라고 하며 단위는 초[sec]로 표시한다. 그러므로 시정수가 클수록 과도현상은 길어진다.

정답 ①

02 전기회로해석

1) 브릿지 회로

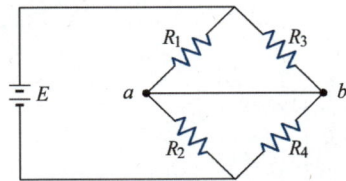

$R_1R_4 = R_3R_2$(교류일 때 $Z_1Z_4 = Z_2Z_3$)일 때 ab의 전압차는 0이고 전류는 흐르지 않는다.

02-1

다음 회로에서 절점 a와 절점 b의 전압이 같은 조건은?

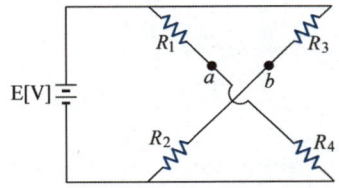

① $R_1R_3 = R_2R_4$
② $R_1R_2 = R_3R_4$
③ $R_1 + R_3 = R_2 + R_4$
④ $R_1 + R_2 = R_3 + R_4$

난이도 ☆☆☆   복습 ☐☐☐☐☐

▲ 바로 보기

정답 & 해설

해설 휘스톤 브리지(wheatstone bridge)회로

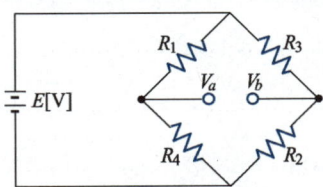

$R_1R_2 = R_3R_4$의 조건이 만족할 때 V_a와 V_b의 전위는 같다.
즉, 두 절점의 전압이 같다.

정답 ②

02-2

그림의 교류 브리지 회로가 평형이 되는 조건은?

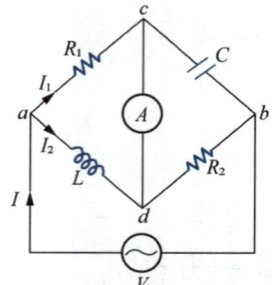

① $L = \dfrac{R_1 R_2}{C}$
② $L = \dfrac{C}{R_1 R_2}$
③ $L = R_1 R_2 C$
④ $L = \dfrac{R_2}{R_1} C$

▶ 정답&해설

해설 브리지 회로의 평형조건 $Z_1 Z_2 = Z_3 Z_4$ 이다.

$Z_1 = R_1 [\Omega]$, $Z_2 = R_2 [\Omega]$, $Z_3 = X_C = \dfrac{1}{j\omega C}[\Omega]$,

$Z_4 = X_L = j\omega L [\Omega]$ 이므로

$R_1 R_2 = \dfrac{1}{j\omega C} \times j\omega L \rightarrow R_1 R_2 = \dfrac{L}{C}$ 이다.

L을 기준으로 식을 정리하면 $L = R_1 R_2 C$ 이다.

정답 ③

2) 중첩의 원리
전압원은 단락, 전류원은 개방 하여 각각의 회로를 구성하여 회로를 해석한다.

3) 테브난의 정리
단자사이에 걸리는 전압을 구하고 단자를 기준으로 전압원은 단락, 전류원은 개방하여 합성저항을 구하여 회로를 단순하게 변환시킨 후 해석

- 옴의 법칙
  - $V = IR$
  - $V = IZ$
  - $I = \dfrac{V}{R}$
  - $I = \dfrac{V}{Z}$
  - $R = \dfrac{V}{I}$
  - $Z = \dfrac{V}{I}$

- 직렬(전류 일정)
  - 저항 $R_0 = R_1 + R_2$
  - 전압 분배 $V_1 = \dfrac{R_1}{R_1 + R_2} \times V$, $V_2 = \dfrac{R_2}{R_1 + R_2} \times V$

- 병렬(전압 일정)
  - 저항 $R_0 = \dfrac{R_1 \times R_2}{R_1 + R_2}$
  - 전류분배 $I_1 = \dfrac{R_2}{R_1 + R_2} \times I$, $I_2 = \dfrac{R_1}{R_1 + R_2} \times I$

4) 키르히호프의 제 1법칙(전류법칙KCL)
- 한 접속점에서의 유입전류와 유출전류의 크기는 같다.
- 전압은 일정하다.

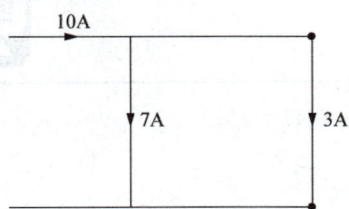

- 전류 분배 $I_1 = \dfrac{R_2}{R_1 + R_2} \times I$, $I_2 = \dfrac{R_1}{R_1 + R_2} \times I$

5) 키르히호프의 제 2법칙(전압법칙KVL)
- 임의의 폐회로의 전원전압의 합은 전류를 방해하는 요소에 걸리는 전압(전압강하)의 합과 같다.
- 전류는 일정하다.

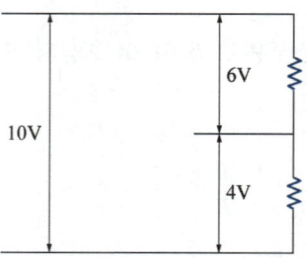

- 전압 분배 $V_1 = \dfrac{R_1}{R_1 + R_2} \times V$, $V_2 = \dfrac{R_2}{R_1 + R_2} \times V$

02-3
20[Ω]과 30[Ω]의 병렬회로에서 20[Ω]에 흐르는 전류가 6[A]이라면 전체 전류 I[A]는?

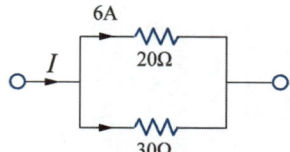

① 3
② 4
③ 9
④ 10

정답&해설

해설 전류의 분배

$I_1 = \dfrac{R_2}{R_1 + R_2} \times I_0$

$I_0 = \dfrac{R_1 + R_2}{R_2} \times I_1$

$I_1 = 6[A],\ R_1 = 20[\Omega],\ R_2 = 30[\Omega]$이라 하면

$I_0 = \dfrac{20 + 30}{30} \times 6 = 10[A]$

정답 ④

02-4

회로에서 10[Ω]의 저항에 흐르는 전류(A)는?

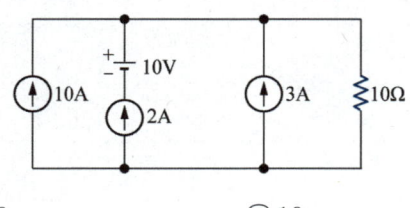

① 8
② 10
③ 15
④ 20

난이도 ☆☆☆ **복습** □□□□□

정답&해설

해설 중첩의 원리(전압원 단락, 전류원 개방)

• 전류원 10[A] 기준

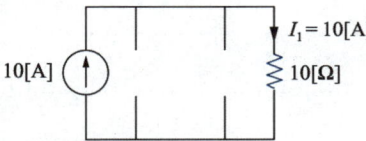

• 전류원 2[A] 기준

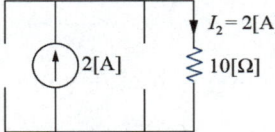

• 전류원 3[A] 기준

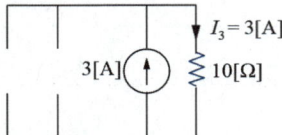

• 전압원 10[V] 기준

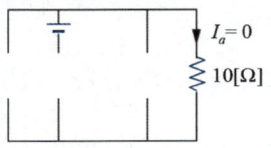

$I_0 = I_1 + I_2 + I_3 + I_4 = 10 + 2 + 3 + 0 = 15[A]$

정답 ③

02-5

회로에서 저항 R에 흐르는 전류 I[A]는?

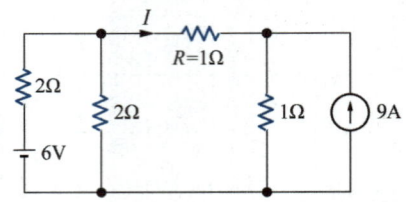

① -1
② -2
③ 2
④ 4

▲ 바로 보기

▶ 정답&해설

해설 중첩의 원리

• 전류원을 개방했을 때의 전류 I_A

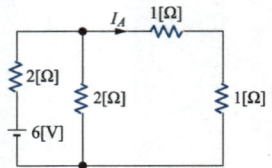

$R_0 = \dfrac{(1+1) \times 2}{(1+1)+2} + 2 = 3[\Omega]$

$I_0 = \dfrac{V}{R_0} = \dfrac{6}{3} = 2[A]$

$I_A = \dfrac{2}{2+(1+1)} \times 2 = 1[A]$

• 전압원을 단락했을 때의 전류 I_B

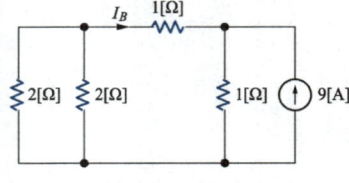

$I_B = \dfrac{1}{\dfrac{2 \times 2}{2 \times 2} + 1 + 1} \times (-9) = -3[A]$

$I = I_A + I_B = 1 + (-3) = -2[A]$

정답 ②

02-6

회로의 양 단자에서 테브난의 정리에 의한 등가회로로 변환할 경우 V_{ab} 전압과 테브난 등가저항은?

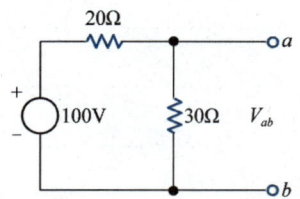

① 60[V], 12[Ω] ② 60[V], 15[Ω]
③ 50[V], 15[Ω] ④ 50[V], 50[Ω]

▲ 바로 보기

▶ 정답 & 해설

해설 테브난의 정리

a, b 단자에 걸리는 전압

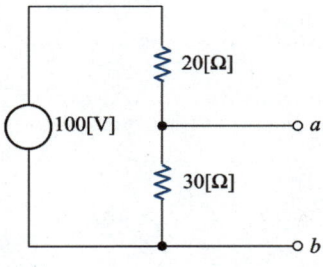

$$V_{ab} = \frac{30}{30+20} \times 100 = 60[V]$$

전압원 단락 후 a, b 단자의 합성저항

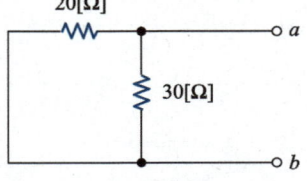

$$R_0 = \frac{20 \times 30}{20+30} = 12[\Omega]$$

정답 ①

02-7

테브난 정리를 사용하여 그림 (a)의 회로를 그림 (b)와 같이 등가회로를 만들고자 할 때 V[V]와 R[Ω]의 값은?

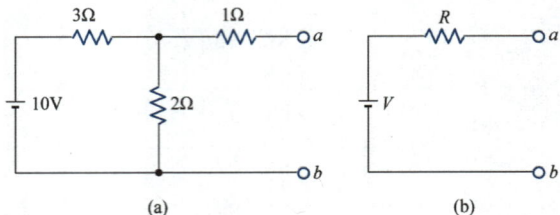

① $V = 5$[V], $R = 0.5$[Ω]
② $V = 2$[V], $R = 2$[Ω]
③ $V = 6$[V], $R = 2.2$[Ω]
④ $V = 4$[V], $R = 2.2$[Ω]

▲ 바로 보기

정답&해설

해설 테브난 정리

a, b에서 본 개방단자전압은 1[Ω]은 무시하고 2[Ω]에 걸린 전압을 구하면

$$V = 10 \times \frac{2}{3+2} = 4\text{[V]}$$

a, b에서 본 저항은 전압원을 단락시키고 구하면

$$R = 1 + \frac{3 \times 2}{3+2} = 1 + \frac{6}{5} = 2.2\text{[Ω]}$$

정답 ④

03 교류회로

1) 파형별 실효값 평균값

	실효값	평균값
정현파	$\dfrac{V_m}{\sqrt{2}}$	$\dfrac{2V_m}{\pi}$
정현반파	$\dfrac{V_m}{2}$	$\dfrac{V_m}{\pi}$
구형파	V_m	V_m
구형반파	$\dfrac{V_m}{\sqrt{2}}$	$\dfrac{V_m}{2}$
삼각파	$\dfrac{V_m}{\sqrt{3}}$	$\dfrac{V_m}{2}$

2) 파고율 = $\dfrac{최대값}{실효값}$, 파형율 = $\dfrac{실효값}{평균값}$

▲ 바로 보기

03-1

정현파 교류 $V = V_m \sin \omega t$ 의 전압을 반파정류하였을 때의 실효값은 몇 V인가?

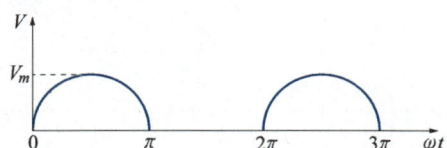

① $\dfrac{V_m}{\sqrt{2}}$ ② $\dfrac{V_m}{2}$

③ $\dfrac{V_m}{2\sqrt{2}}$ ④ $\sqrt{2}\,V_m$

▶ 정답&해설

해설 정류반파

- 최대값 = V_m
- 실효값 = $\dfrac{V_m}{2}$
- 평균값 = $\dfrac{V_m}{\pi}$
- 파형률 = $\dfrac{실효값}{평균값} = \dfrac{\pi}{2}$
- 파고율 = $\dfrac{최대값}{실효값} = 2$

정답 ②

03-2

정현파 교류 전압의 실효값에 어떠한 수를 곱하면 평균값을 얻을 수 있는가?

① $\dfrac{2\sqrt{2}}{\pi}$ ② $\dfrac{\sqrt{3}}{2}$

③ $\dfrac{2}{\sqrt{3}}$ ④ $\dfrac{\pi}{2\sqrt{2}}$

정답 & 해설

해설

정현파	실효값	평균값
	$\dfrac{V_m}{\sqrt{2}}$	$\dfrac{2V_m}{\pi}$

$\dfrac{V_m}{\sqrt{2}} \times x = \dfrac{2V_m}{\pi}$

$x = \dfrac{2V_m}{\pi} \times \dfrac{\sqrt{2}}{V_m} = \dfrac{2\sqrt{2}}{\pi}$

정답 ①

03-3

그림과 같은 파형의 파고율은?

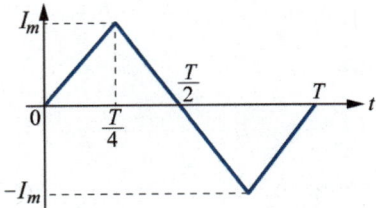

① $\dfrac{1}{\sqrt{3}}$ ② $2\sqrt{3}$

③ $\sqrt{2}$ ④ $\sqrt{3}$

정답&해설

해설

삼각파의 최대값 $= I_m$

실효값 $= \dfrac{I_m}{\sqrt{3}}$

파고율 $= \dfrac{I_m}{\dfrac{I_m}{\sqrt{3}}} = \sqrt{3}$

정답 ④

03-4
그림과 같은 파형의 파고율은?

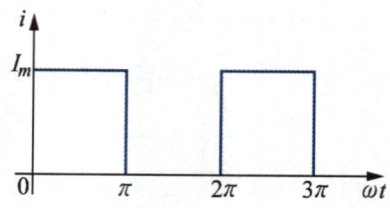

① 0.707
② 1.414
③ 1.732
④ 2.000

해설 구형파의 파고율은 1이고 구형반파의 파고율은 $\sqrt{2}=1.414$이다.

정답 ②

3) 교류의 파형(순시값)

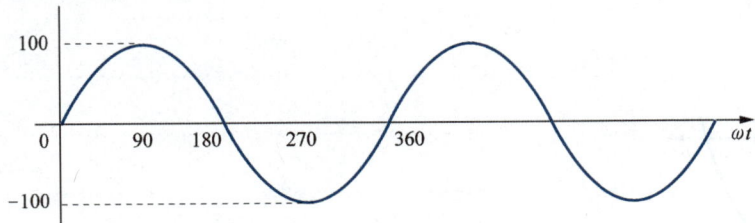

- sin의 기본형 = 최대값 × sinωt
- 전압 파형일 때 = $V_m \sin\omega t$[V] = $100\sin\omega t$[V]($\omega = 2\pi f$[rad/sec])
- 전류 파형일 때 = $I_m \sin\omega t$[A] = $100\sin\omega t$[A]($\omega = 2\pi f$[rad/sec])

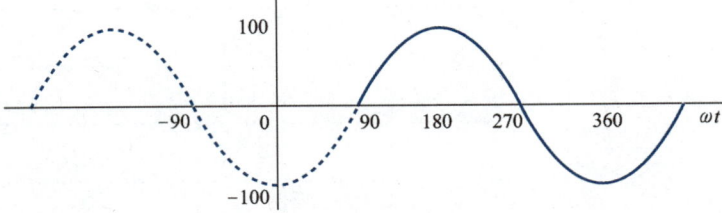

- 전압 파형일 때 = $V_m \sin(\omega t - 90)$[V] = $100\sin(\omega t - 90) = \frac{100}{\sqrt{2}} \angle -90°$[V]

- 전류 파형일 때 = $I_m \sin(\omega t - 90)$[A] = $100\sin(\omega t - 90) = \frac{100}{\sqrt{2}} \angle -90°$[A]

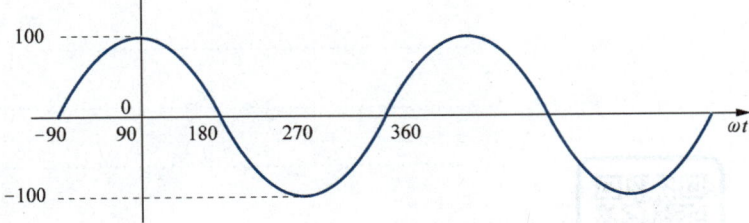

- 전압 파형일 때 = $V_m \sin(\omega t + 90)$[V] = $100\sin(\omega t + 90) = \frac{100}{\sqrt{2}} \angle 90°$[V]

- 전류 파형일 때 = $I_m \sin(\omega t + 90)$[A] = $100\sin(\omega t + 90) = \frac{100}{\sqrt{2}} \angle 90°$[A]

03-5

그림과 같은 파형의 순시값은?

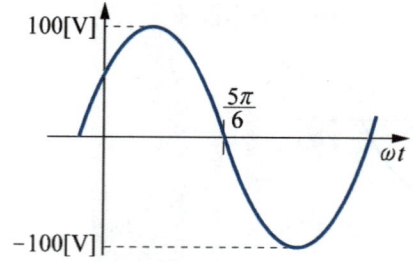

① $v = 100\sqrt{2}\sin\omega t$
② $v = 100\sqrt{2}\cos\omega t$
③ $v = 100\sin\left(\omega t + \dfrac{\pi}{6}\right)$
④ $v = 100\sin\left(\omega t - \dfrac{\pi}{6}\right)$

정답&해설

[해설] $V_m = 100$, $\theta = \left(\omega t + \dfrac{\pi}{6}\right)$이므로

$v = 100\sin\left(\omega t + \dfrac{\pi}{6}\right)$이다.

[정답] ③

03-6

저항이 40[Ω], 인덕턴스가 79.58[mH]인 $R-L$ 직렬 회로에 $311\sin(377t+30°)$[V]의 전압을 가할 때 전류의 순시값[A]은 약 얼마인가?

① $4.4\angle-6.87°$
② $4.4\angle 36.87°$
③ $6.2\angle-6.87°$
④ $6.2\angle 36.87°$

난이도 ☆☆☆　복습 □□□□□

▲ 바로 보기

정답&해설

해설 전류의 순시값

$V=311\sin(377t+30°)$에서

실효값 $V=\dfrac{311}{\sqrt{2}}\angle 30°=220\angle 30°$[V]

$Z=R+j\omega L$[Ω]이므로

- $R=40$[Ω], $\omega=377$[rad/s], $L=79.58$[mH]

$Z=40+j(377\times 79.58\times 10^{-3})$

$\quad=40+j30=\sqrt{40^2+30^2}\angle\tan^{-1}\dfrac{30}{40}=50\angle 36.87°$

$i=\dfrac{220\angle 30}{50\angle 36.87}=4.4\angle(30°-36.87°)=4.4\angle-6.87°$[A]

정답 ①

03-7

최대값이 10[V]인 정현파 전압이 있다. $t=0$에서의 순시값이 5[V]이고 이 순간에 전압이 증가하고 있다. 주파수가 60[Hz]일 때, $t=2$[ms]에서의 전압의 순시값[V]은?

① $10\sin 30°$
② $10\sin 43.2°$
③ $10\sin 73.2°$
④ $10\sin 103.2°$

정답&해설

해설 순시값

$t=0$일 때 $\omega t = 2\pi ft = 0$, $e = 5$[V]
$e = 10\sin\theta = 5$
$\sin\theta = \dfrac{1}{2}$, $\theta = 30°$

$t=2$[ms]일 때
$\omega t = 2\pi ft = 2 \times 180 \times 60 \times 2 \times 10^{-3} = 43.2°$
$e = 10\sin(43.2° + 30°) = 10\sin 73.2°$

정답 ③

4) 비정현파 교류

V_0(직류분) + V_1(기본파) + V_n(n차 고조파)

예) $v = 100 + 100\sqrt{2}\sin\omega t + 75\sqrt{2}\sin3\omega t + 20\sqrt{2}\sin5\omega t$

(ω 앞의 숫자가 고조파 치수를 의미한다)

5) 비정현파 교류의 실효값

$$V = \sqrt{V_0^2 + \left(\frac{V_{m1}}{\sqrt{2}}\right)^2 + \left(\frac{V_{m2}}{\sqrt{2}}\right)^2 + \cdots + \left(\frac{V_{mn}}{\sqrt{2}}\right)^2} = \sqrt{V_0^2 + V_1^2 + V_2^2 + \cdots + V_n^2}$$

- V_m : 최대값
- V : 실효값

6) 왜형율

$$\sqrt{\left(\frac{\text{고조파 실효값}}{\text{기본파의 실효값}}\right)^2} = \sqrt{\left(\frac{V_2}{V_1}\right)^2 + \left(\frac{V_3}{V_1}\right)^2 + \left(\frac{V_4}{V_1}\right)^2 \cdots}$$

03-8

$i = 100 + 50\sqrt{2}\sin\omega t + 20\sqrt{2}\sin\left(3\omega t + \frac{\pi}{6}\right)$ [A]

로 표현되는 비정현파 전류의 실효값은 약 몇 A인가?

① 20
② 50
③ 114
④ 150

▲ 바로 보기

정답&해설

해설 비정현파 실효값

$I = \sqrt{I_0^2 + \left(\frac{I_{m1}}{\sqrt{2}}\right)^2 + \left(\frac{I_{m2}}{\sqrt{2}}\right)^2 + \cdots + \left(\frac{I_{mn}}{\sqrt{2}}\right)^2}$

$I = \sqrt{100^2 + \left(\frac{50\sqrt{2}}{\sqrt{2}}\right)^2 + \left(\frac{20\sqrt{2}}{\sqrt{2}}\right)^2} \fallingdotseq 114$ [A]

정답 ③

03-9

그림과 같은 비정현파의 실효값[V]은?

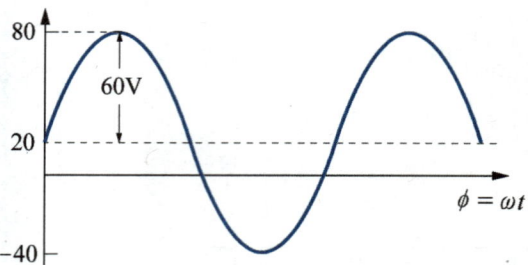

① 46.9
② 51.6
③ 56.6
④ 63.3

> 난이도 ☆☆☆   복습 ☐☐☐☐☐

▲ 바로 보기

▶ 정답&해설

[해설] 그래프를 비정현파식으로 나타내면

v = 직류분 + 기본파 + 각 고조파의 합
  = $20 + 60\sin\omega t$

비정현파의 실효값
= $\sqrt{직류분^2 + 기본파의\ 실효값^2 + 각\ 고조파의\ 실효값^2의\ 합}$
= $\sqrt{20^2 + \left(\dfrac{60}{\sqrt{2}}\right)^2} = 46.9$[V]

[정답] ①

03-10

전압 $v(t) = 14.14\sin\omega t + 7.07\sin\left(3\omega t + \dfrac{\pi}{6}\right)$[V]의 실효값은 약 몇 [V]인가?

① 3.87 ② 11.2
③ 15.8 ④ 21.2

정답&해설

해설 비정현파 실효값

$$V = \sqrt{\left(\dfrac{14.14}{\sqrt{2}}\right)^2 + \left(\dfrac{7.07}{\sqrt{2}}\right)^2} = 11.2[V]$$

정답 ②

03-11

접압 $v(t)$를 $R-L$직렬회로에 인가했을 때 제3고조파 전류의 실효값[A]의 크기는?

(단, $R=8[\Omega]$, $\omega L=2[\Omega]$, $v(t)=100\sqrt{2}\sin\omega t +200\sqrt{2}\sin3\omega t+50\sqrt{2}\sin5\omega t$[V]이다)

① 10
② 14
③ 20
④ 28

난이도 ☆☆☆   복습 □□□□□

▲ 바로 보기

정답&해설

해설 3고조파 전류의 실효값 $I_3 = \dfrac{\text{3고조파 전압의 실효값 } V_3}{\text{3고조파의 임피던스 } Z_3}$

$V_3 = \dfrac{200\sqrt{2}}{\sqrt{2}} = 200[V]$

$Z_3 = \sqrt{R^2+(3\omega L)^2} = \sqrt{8^2+(3\times 2)^2} = 10[\Omega]$

$I_3 = \dfrac{200}{10} = 20[A]$

정답 ③

03-12

$R-L$ 직렬회로에 순시값 전압 $v(t) = 20 + 100\sin\omega t + 40\sin(3\omega t + 60°) + 40\sin 5\omega t$ [V]를 가할 때 제5고조파 전류의 크기는 약 몇 [A]인가? (단, $R=4$ [Ω], $\omega L = 1$ [Ω]이다)

① 4.4
② 5.66
③ 6.25
④ 8.0

▶ **정답&해설**

해설 5고조파의 전류의 실효값 $I_5 = \dfrac{\text{5고조파 전압의 실효값 } V_5}{\text{5고조파 임피던스 } Z_5}$ 이고

5고조파의 전압의 순시값 $v(t)_5 = 40\sin 5\omega t$ [V]이므로

$V_5 = \dfrac{40}{\sqrt{2}} = 20\sqrt{2}$ [V]

$Z_5 = R + j5\omega L = 4 + j(5 \times 1) = 4 + j5 = \sqrt{4^2 + 5^2} = \sqrt{41}$ [Ω]

$I_5 = \dfrac{20\sqrt{2}}{\sqrt{41}} = 4.4$ [A]이다.

정답 ①

03-13

비정현파 전류가

$i(t) = 56\sin\omega t + 20\sin 2\omega t + 30\sin(3\omega t + 30°) + 40\sin(4\omega t + 60°)$로 표현될 때, 왜형률은 약 얼마인가?

① 1.0
② 0.96
③ 0.55
④ 0.11

정답&해설

해설

왜형률 $= \sqrt{\left(\dfrac{V_2}{V_1}\right)^2 + \left(\dfrac{V_3}{V_1}\right)^2 + \cdots + \left(\dfrac{V_n}{V_1}\right)^2}$

$= \sqrt{\left(\dfrac{20}{56}\right)^2 + \left(\dfrac{30}{56}\right)^2 + \left(\dfrac{40}{56}\right)^2} = 0.96$

정답 ②

7) 직렬 공진조건

$$\omega L - \frac{1}{\omega C} = 0 \Leftrightarrow \omega L = \frac{1}{\omega C}$$

8) 직렬 공진주파수

- 직렬 공진주파수 $f = \dfrac{1}{2\pi\sqrt{LC}}$ [Hz]
- n고조파 공진주파수 $f = \dfrac{1}{n \times 2\pi\sqrt{LC}}$ [Hz]

03-14

다음 중 $L-C$ 직렬회로의 공진 조건으로 옳은 것은?

① $\dfrac{1}{\omega L} = \omega C + R$

② 직류 전원을 가할 때

③ $\omega L = \omega C$

④ $\omega L = \dfrac{1}{\omega C}$

▲ 바로 보기

정답&해설

해설 직렬 공진조건

$\omega L - \dfrac{1}{\omega C} = 0 \Leftrightarrow \omega L = \dfrac{1}{\omega C}$

정답 ④

03-15

$R=5[\Omega]$, $L=20[\text{mH}]$, 및 가변 콘덴서 C로 구성된 $R-L-C$ 직렬 회로에 주파수 $1,000[\text{Hz}]$인 교류를 가한 다음 C를 가변시켜 직렬 공진시킬 때 C의 값은 약 몇 $[\mu\text{F}]$인가?

① 1.27 ② 2.54
③ 3.52 ④ 4.99

정답&해설

해설 직렬 공진 조건
정전용량 C를 기준으로 정리하면
$$C=\frac{1}{\omega^2 L}=\frac{1}{(2\pi f)^2 L}=\frac{1}{(2\pi\times 1,000)^2\times 20\times 10^{-3}}$$
$$=1.27\times 10^{-6}[\text{F}]=1.27[\mu\text{F}]$$

정답 ①

03-16

$R-L-C$ 직렬공진에서 제3고조파의 공진주파수 f [Hz]는?

① $\dfrac{1}{2\pi\sqrt{LC}}$ ② $\dfrac{1}{3\pi\sqrt{LC}}$

③ $\dfrac{1}{6\pi\sqrt{LC}}$ ④ $\dfrac{1}{9\pi\sqrt{LC}}$

정답&해설

해설 제3고조파 공진주파수 $f_3 = \dfrac{1}{3\times 2\pi\sqrt{LC}} = \dfrac{1}{6\pi\sqrt{LC}}$ [Hz]이다.

정답 ③

04 3상 교류

1) △결선, Y결선

- △결선
  - 선간전압 $V_l =$ 상전압 $V_p \angle 0°$
  - 선전류 $I_l = \sqrt{3} \times$ 상전류 $I_p \angle -30°$

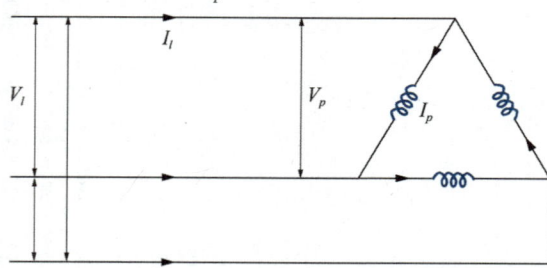

- Y결선
  - 선간전압 $V_l = \sqrt{3} \times$ 상전압 $V_p \angle 30°$
  - 선전류 $I_l =$ 상전류 $I_P \angle 0°$

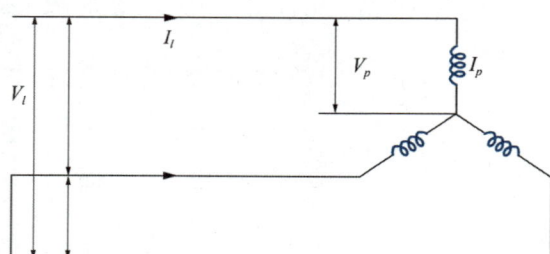

04-1

전압비 a인 단상변압기 3대를 1차 △결선, 2차 Y결선으로 하고 1차에 선간전압 V(V)를 가했을 때 무부하 2차 선간전압(V)은?

① $\dfrac{V}{a}$

② $\dfrac{a}{V}$

③ $\dfrac{\sqrt{3}\,V}{a}$

④ $\dfrac{\sqrt{3}\,a}{V}$

해설

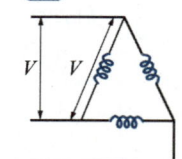 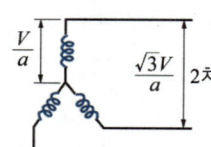 2차 선간전압

정답 ③

04-2

권수비가 a인 단상변압기 3대가 있다. 이것을 1차에 △, 2차에 Y로 결선하여 3상 교류평형회로에 접속할 때 2차측의 단자 전압을 V[V], 전류를 I[A]라고 하면 1차측의 단자전압 및 선전류는 얼마인가? (단, 변압기의 저항, 누설리액턴스, 여자 전류는 무시한다)

① $\dfrac{aV}{\sqrt{3}}$[V], $\dfrac{\sqrt{3}\,I}{a}$[A]

② $\sqrt{3}\,aV$[V], $\dfrac{I}{\sqrt{3}\,a}$[A]

③ $\dfrac{\sqrt{3}\,V}{a}$[V], $\dfrac{aI}{\sqrt{3}}$[A]

④ $\dfrac{V}{\sqrt{3}}$[V], $\sqrt{3}\,aI$[A]

▲ 바로 보기

> **정답&해설**

해설

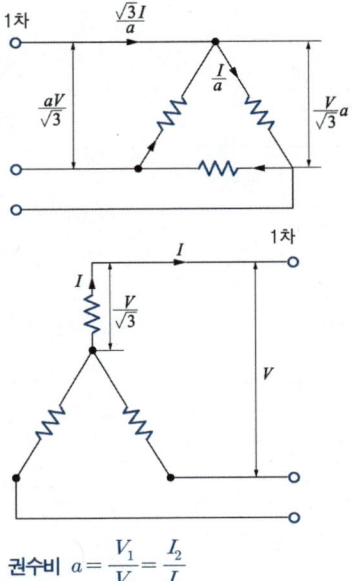

권수비 $a = \dfrac{V_1}{V_2} = \dfrac{I_2}{I_1}$

정답 ①

04-3

각 상의 임피던스 $Z = 6 + j8[\Omega]$인 평형 △ 부하에 선간 전압이 약 220[V]인 대칭 3상 전압을 가할 때 선전류는 약 몇 [A]인가?

① 11
② 13.5
③ 22
④ 38.1

정답&해설

해설 △결선의 선전류와 상전류의 관계

상전류 $I_P = \dfrac{V}{Z} = \dfrac{220}{6+j8} = \dfrac{220}{\sqrt{6^2+8^2}} = 22[A]$

선전류 $I_l = \sqrt{3} \times 22 = 38[A]$

정답 ④

2) 불평형 3상 전압
- $V_a = V_0 + V_1 + V_2$
- $V_b = V_0 + a^2 V_1 + a V_2$
- $V_c = V_0 + a V_1 + a^2 V_2$

3) 영상, 정상, 역상 전압
- 영상전압 $V_0 = \frac{1}{3}(V_a + V_b + V_c)$
- 정상전압 $V_1 = \frac{1}{3}(V_a + a V_b + a^2 V_c)$
- 역상전압 $V_2 = \frac{1}{3}(V_a + a^2 V_b + a V_c)$

4) 불평형률
- $\frac{\text{역상분}}{\text{정상분}} \times 100[\%]$

5) 3상 교류발전기의 기본식
- $V_0 = - Z_0 I_0$
- $V_1 = E_a - Z_1 I_1$
- $V_2 = - Z_2 I_2$

04-4

3상 불평형 전압을 V_a, V_b, V_c라고 할 때, 역상 전압 V_2는 얼마인가?

① $V_2 = \frac{1}{3}(V_a + V_b + V_c)$

② $V_2 = \frac{1}{3}(V_a + a^2 V_b + a V_c)$

③ $V_2 = \frac{1}{3}(V_a + a V_b + a^2 V_c)$

④ $V_2 = \frac{1}{3}(V_a + a^2 V_b + V_c)$

▶ 정답&해설

해설
- 영상전압 $V_0 = \frac{1}{3}(V_a + V_b + V_c)$
- 정상전압 $V_1 = \frac{1}{3}(V_a + a V_b + a^2 V_c)$
- 역상전압 $V_2 = \frac{1}{3}(V_a + a^2 V_b + a V_c)$

정답 ②

04-5

각 상전압이 $V_a = 40\sin\omega t$[V], $V_b = 40\sin(\omega t + 90°)$[V], $V_c = 40\sin(\omega t - 90°)$[V]이라 하면, 영상 대칭분의 전압은?

① $40\sin\omega t$
② $\dfrac{40}{3}\sin\omega t$
③ $\dfrac{40}{3}\sin(\omega t - 90°)$
④ $\dfrac{40}{3}\sin(\omega t + 90°)$

정답&해설

해설 영상 대칭전압
$V_b + V_c = 40\sin(\omega t + 90) + 40\sin(\omega t - 90) = 0$이므로
$V_0 = \dfrac{1}{3} \cdot 40\sin\omega t = \dfrac{40}{3}\sin\omega t$가 된다.

정답 ②

04-6

불평형 3상 전류 $I_a = 25 + j4$[A], $I_b = -18 - j16$[A], $I_c = 7 + j15$[A]일 때 영상전류 I_0[A]는?

① $2.67 + j$
② $2.67 + j2$
③ $4.67 + j$
④ $4.67 + j2$

▲ 바로 보기

정답&해설

해설 영상전류 $I_0 = \dfrac{1}{3}(I_a + I_b + I_c)$이므로,

$I_0 = \dfrac{1}{3}[(25+j4) + (-18-j16) + (7+j15)] = \dfrac{1}{3}(14+j3)$

$= 4.67 + j$ [A]

정답 ③

04-7

3상 불평형 전압에서 역상전압 50[V], 정상전압 250[V] 및 영상 전압 20[V]이면, 전압 불평형률은 몇 [%]인가?

① 10
② 15
③ 20
④ 25

난이도 ☆☆☆ **복습** □□□□□

정답&해설

해설
- 역상전압 : 50[V]
- 정상전압 : 250[V]

불평형률 $= \dfrac{\text{역상분}}{\text{정상분}} \times 100 = \dfrac{50}{250} \times 100 = 20[\%]$

정답 ③

04-8

3상 불평형전압에서 역상전압이 35[V]이고, 정상전압이 100[V], 영상전압이 10[V]라 할 때, 전압의 불평형률은?

① 0.10
② 0.25
③ 0.35
④ 0.4

난이도 ☆☆☆   복습 □□□□□

정답&해설

해설

- 정상전압 = 100[V]
- 역상전압 = 35[V]
- 영상전압 = 10[V]

불평형률 = $\dfrac{역상분}{정상분} = \dfrac{35}{100} = 0.35$

정답 ③

04-9

전류의 대칭분을 I_0, I_1, I_2 유기 기전력 및 단자전압의 대칭분을 E_a, E_b, E_c 및 V_0, V_1, V_2라 할 때 3상 교류 발전기의 기본식 중 정상분 V_1 값은? (단, Z_0, Z_1, Z_2는 영상, 정상, 역상 임피던스이다)

① $-Z_0 I_0$
② $-Z_2 I_2$
③ $E_a - Z_1 I_1$
④ $E_b - Z_2 I_2$

난이도 ☆☆☆   복습 □□□□□

▲ 바로 보기

▶ 정답&해설

해설 발전기 기본식

3상 교류발전기의 기본식

- $V_0 = -Z_0 I_0$
- $V_1 = E_a - Z_1 I_1$
- $V_2 = -Z_2 I_2$

정답 ③

6) 2전력계법
- 유효전력 $P = P_1 + P_2$
- 무효전력 $P_r = \sqrt{3}\,(P_1 - P_2)$
- 피상전력 $P_a = \sqrt{P^2 + Q^2} = 2\sqrt{P_1^2 + P_2^2 - P_1 P_2}$
- 역률 $\cos\theta = \dfrac{P}{P_a} = \dfrac{P_1 + P_2}{2\sqrt{P_1^2 + P_2^2 - P_1 P_2}}$

04-10

2전력계법으로 평형 3상 전력을 측정하였더니 각각의 전력계가 500[W], 300[W]를 지시하였다면 전 전력[W]은?

① 200　　　② 300
③ 500　　　④ 800

▲ 바로 보기

정답&해설

해설 2전력계법을 이용한 피상전력
- 피상전력 $P = 2\sqrt{500^2 + 1{,}500^2 - (500 \times 1{,}500)} = 2{,}646$ [VA]

정답 ③

04-11

2전력계법으로 평형 3상 전력을 측정하였더니 한쪽의 지시가 500[W], 다른 한쪽의 지시가 1,500[W]이었다. 피상전력은 약 몇 [VA]인가?

① 2,000
② 2,310
③ 2,646
④ 2,771

난이도 ☆☆☆ **복습** □□□□□

정답&해설

해설 2전력계법을 이용한 피상전력

- $P_1 = 500$, $P_2 = 1,500$

$P_a = 2\sqrt{500^2 + 1,500^2 - (500 \times 1,500)} = 2,646$ [VA]

정답 ③

04-12

2전력계법에서 지시 $P_1 = 100$[W], $P_2 = 200$[W]일 때 역률[%]은?

① 50.2
② 70.7
③ 86.6
④ 90.4

▲ 바로 보기

정답&해설

해설 2전력계법을 이용한 역률

$\cos\theta = \dfrac{P_1 + P_2}{2\sqrt{P_1^2 + P_2^2 - P_1 P_2}} \times 100$[%]

$\cos\theta = \dfrac{100 + 200}{2\sqrt{100^2 + 200^2 - (100 \times 200)}} \times 100 = 86.6$[%]

정답 ③

05 4단자회로

1) 임피던스 파라미터(Z 파라미터)

$$\begin{bmatrix} V_1 \\ V_2 \end{bmatrix} = \begin{bmatrix} Z_{11} & Z_{12} \\ Z_{21} & Z_{22} \end{bmatrix} \begin{bmatrix} I_1 \\ I_2 \end{bmatrix} \qquad \begin{aligned} V_1 &= Z_{11}I_1 + Z_{12}I_2 \\ V_2 &= Z_{21}I_1 + Z_{22}I_2 \end{aligned}$$

- T형 회로

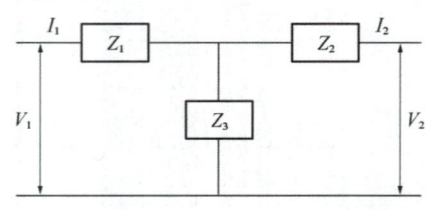

$$Z_{11} = \left.\frac{V_1}{I_1}\right|_{I_2=0} = \frac{(Z_1+Z_3)I_1}{I_1} = Z_1 + Z_3$$

$$Z_{12} = \left.\frac{V_1}{I_2}\right|_{I_1=0} = \frac{Z_3 I_2}{I_2} = Z_3$$

$$Z_{21} = \left.\frac{V_2}{I_1}\right|_{I_2=0} = \frac{Z_3 I_1}{I_1} = Z_3$$

$$Z_{22} = \left.\frac{V_2}{I_2}\right|_{I_1=0} = \frac{(Z_2+Z_3)I_2}{I_2} = Z_2 + Z_3$$

2) 어드미턴스 파라미터(Y 파라미터)

$$\begin{bmatrix} I_1 \\ I_2 \end{bmatrix} = \begin{bmatrix} Y_{11} & Y_{12} \\ Y_{21} & Y_{22} \end{bmatrix} \begin{bmatrix} V_1 \\ V_2 \end{bmatrix} \qquad \begin{aligned} I_1 &= Y_{11}V_1 + Y_{12}V_2 \\ I_2 &= Y_{21}V_1 + Y_{22}V_2 \end{aligned}$$

- π형 회로

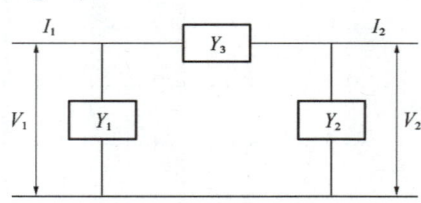

$$Y_{11} = \left.\frac{I_1}{V_1}\right|_{V_2=0} = \frac{(Y_1+Y_3)V_1}{V_1} = Y_1 + Y_3$$

$$Y_{12} = \left.\frac{I_1}{V_2}\right|_{V_1=0} = \frac{Y_3 V_2}{V_2} = Y_3$$

$$Y_{21} = \left.\frac{I_2}{V_1}\right|_{V_2=0} = \frac{Y_3 V_1}{V_1} = Y_3$$

$$Y_{22} = \left.\frac{I_2}{V_2}\right|_{V_1=0} = \frac{(Y_2+Y_3)I_2}{V_2} = Y_2 + Y_3$$

3) H 파라미터

$$\begin{bmatrix} V_1 \\ I_2 \end{bmatrix} = \begin{bmatrix} H_{11} & H_{12} \\ H_{21} & H_{22} \end{bmatrix} \begin{bmatrix} I_1 \\ V_2 \end{bmatrix} \qquad \begin{aligned} V_1 &= H_{11}I_1 + H_{12}V_2 \\ I_2 &= H_{21}I_1 + H_{22}V_2 \end{aligned}$$

4) G 파라미터

$$\begin{bmatrix} I_1 \\ V_2 \end{bmatrix} = \begin{bmatrix} G_{11} & G_{12} \\ G_{21} & G_{22} \end{bmatrix} \begin{bmatrix} V_1 \\ I_2 \end{bmatrix} \qquad \begin{aligned} I_1 &= G_{11}V_1 + G_{12}I_2 \\ V_2 &= G_{21}V_1 + G_{22}I_2 \end{aligned}$$

05-1

T형 4단자 회로의 임피던스 파라미터 중 Z_{22}는?

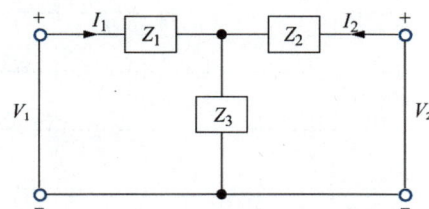

① $Z_1 + Z_2$
② $Z_2 + Z_3$
③ $Z_1 + Z_3$
④ $-Z_2$

▲ 바로 보기

▶ 정답&해설

[해설] T형 4단자 회로의 임피던스 파라미터

$V_1 = Z_{11}I_1 + Z_{12}I_2$

$V_2 = Z_{21}I_1 + Z_{22}I_2$

- $Z_{11} = \dfrac{V_1}{I_1}\bigg|_{I_2=0} = \dfrac{I_1(Z_1+Z_3)}{I_1} = Z_1 + Z_3$

- $Z_{12} = \dfrac{V_1}{I_2}\bigg|_{I_1=0} = \dfrac{I_2 Z_3}{I_2} = Z_3$

- $Z_{21} = \dfrac{V_2}{I_1}\bigg|_{I_2=0} = \dfrac{I_1 Z_3}{I_1} = Z_3$

- $Z_{22} = \dfrac{V_2}{I_2}\bigg|_{I_1=0} = \dfrac{I_2(Z_2+Z_3)}{I_2} = Z_2 + Z_3$

[정답] ②

05-2

그림과 같은 π형 4단자 회로의 어드미턴스 파라미터 중 $Y_{22}[\mho]$은?

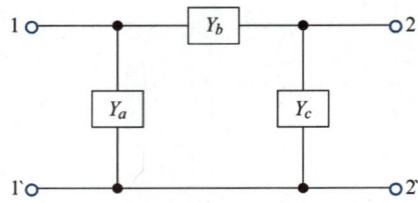

① $Y_{22} = Y_a + Y_c$ ② $Y_{22} = Y_b$
③ $Y_{22} = Y_a$ ④ $Y_{22} = Y_b + Y_c$

> 정답&해설

해설
$Y_{11} = Y_a + Y_b$
$Y_{22} = Y_b + Y_c$

정답 ④

05-3

그림과 같은 4단자 회로망에서 하이브리드 파라미터 H_{11}은?

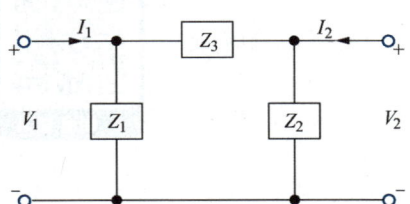

① $\dfrac{Z_1}{Z_1 + Z_3}$ ② $\dfrac{Z_1}{Z_1 + Z_2}$

③ $\dfrac{Z_1 Z_3}{Z_1 + Z_3}$ ④ $\dfrac{Z_1 Z_2}{Z_1 + Z_2}$

▲ 바로 보기

▶ 정답&해설

[해설] H 파라미터의 기본 행렬

$\begin{bmatrix} V_1 \\ I_2 \end{bmatrix} = \begin{bmatrix} H_{11} & H_{12} \\ H_{21} & H_{22} \end{bmatrix} \begin{bmatrix} I_1 \\ V_2 \end{bmatrix}$

$V_1 = H_{11} I_1 + H_{12} V_2$

$V_2 = 0$이면(2차측 단락)

$V_1 = H_{11} I_1$

$H_{11} = \dfrac{V_1}{I_1} \bigg|_{V_2 = 0}$ 이 된다.

회로로 나타내면

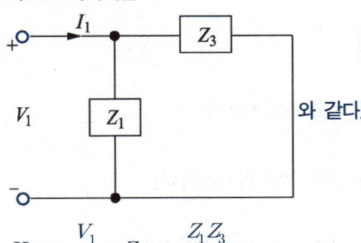
와 같다.

$H_{11} = \dfrac{V_1}{I_1} = Z_0 = \dfrac{Z_1 Z_3}{Z_1 + Z_3}$

[참고] 합성임피던스 $Z_0 = \dfrac{V}{I} [\Omega]$

정답 ③

5) 4단자 정수

$$\begin{bmatrix} V_1 \\ I_1 \end{bmatrix} = \begin{bmatrix} A & B \\ C & D \end{bmatrix} \begin{bmatrix} V_2 \\ I_2 \end{bmatrix} \quad \begin{aligned} V_1 &= AV_2 + BI_2 \\ I_1 &= CV_2 + DI_2 \end{aligned}$$

- $AD - BC = 1$, $A = D$(1차 2차 대칭)

▲ 바로 보기

6) 4단자 정수 π형과 T형의 해석

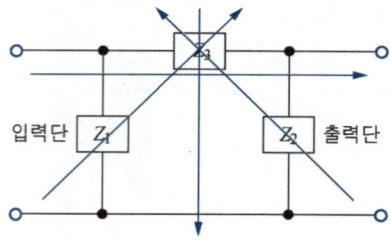

- $A = 1 + \dfrac{Z_3}{Z_2}$
- $B = Z_3$
- $C = \dfrac{1}{Z_1} + \dfrac{1}{Z_2} + \dfrac{Z_3}{Z_1 \times Z_2} = \dfrac{Z_1 + Z_2 + Z_3}{Z_1 \times Z_2}$
- $D = 1 + \dfrac{Z_3}{Z_1}$

- $A = 1 + \dfrac{Z_1}{Z_3}$
- $B = \dfrac{Z_1 Z_2 + Z_1 Z_3 + Z_2 Z_3}{Z_3}$
  $= Z_1 + Z_2 + \dfrac{Z_1 \times Z_2}{Z_3}$
- $D = \dfrac{1}{Z_3}$
- $D = 1 + \dfrac{Z_2}{Z_3}$

05-4

4단자 정수 A, B, C, D 중에서 어드미턴스 차원을 가진 정수는?

① A ② B
③ C ④ D

▶ 정답&해설

[해설] $\begin{bmatrix} V_1 \\ I_1 \end{bmatrix} = \begin{bmatrix} A & B \\ C & D \end{bmatrix} \begin{bmatrix} V_2 \\ I_2 \end{bmatrix}$

$A = \dfrac{V_1}{V_2}$ → 1차측에서 본 개방 전압비(이득)

$B = \dfrac{V_1}{I_2}$ → 1차측에서 본 단락 전달 임피던스[Ω]

$C = \dfrac{I_1}{V_2}$ → 1차측에서 본 개방 전달 어드미턴스[℧]

$D = \dfrac{I_1}{I_2}$ → 1차측에서 본 단락 전류비(이득)

[정답] ③

05-5

회로에서 4단자 정수 A, B, C, D의 값은?

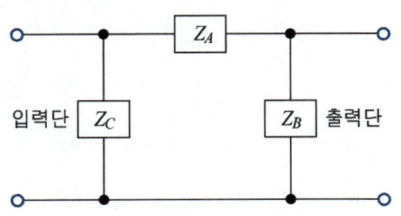

① $A = 1 + \dfrac{Z_A}{Z_B}$, $B = Z_A$, $C = \dfrac{1}{Z_A}$, $D = 1 + \dfrac{Z_B}{Z_A}$

② $A = 1 + \dfrac{Z_A}{Z_B}$, $B = Z_A$, $C = \dfrac{1}{Z_B}$, $D = 1 + \dfrac{Z_A}{Z_B}$

③ $A = 1 + \dfrac{Z_A}{Z_B}$, $B = Z_A$, $C = \dfrac{Z_A + Z_B + Z_C}{Z_B Z_C}$, $D = 1 + \dfrac{1}{Z_B Z_C}$

④ $A = 1 + \dfrac{Z_A}{Z_B}$, $B = Z_A$, $C = \dfrac{Z_A + Z_B + Z_C}{Z_B Z_C}$, $D = 1 + \dfrac{Z_A}{Z_C}$

난이도 ☆☆☆   복습 □□□□□

▲ 바로 보기

정답&해설

해설 π형의 4단자 정수

$A = 1 + \dfrac{Z_A}{Z_B}$

$B = Z_A$

$C = \dfrac{Z_A + Z_B + Z_C}{Z_B Z_C}$

$D = 1 + \dfrac{Z_A}{Z_C}$

정답 ④

CHAPER 04 회로이론 257

05-6

다음의 T형 4단자망 회로에서 $ABCD$ 파라미터 사이의 성질 중 성립되는 대칭조건은?

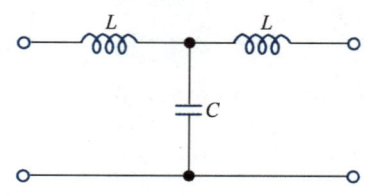

① $A = D$ ② $A = C$
③ $B = C$ ④ $B = A$

난이도 ☆☆☆   복습 ☐☐☐☐☐

정답&해설

해설 T형 4단자망 회로에서 대칭조건 $Z_1 = Z_2$ 이다.

$\begin{bmatrix} A & B \\ C & D \end{bmatrix}$

$A = 1 + \dfrac{Z_1}{Z_3} \rightarrow Z_1 = (A-1)Z_3$

$D = 1 + \dfrac{Z_2}{Z_3} \rightarrow Z_2 = (D-1)Z_3$

대칭조건 $Z_1 = Z_2$, 즉 $A = D$ 이다.

정답 ①

05-7

그림과 같은 4단자 회로망에서 출력측을 개방하니 $V_1 = 12$[V], $I_1 = 2$[A], $V_2 = 4$[V]이고 출력측을 단락하니 $V_1 = 16$[V], $I_1 = 4$[A], $I_2 = 2$[A]이었다. 4단자 정수 A, B, C, D는 얼마인가?

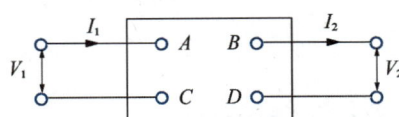

① $A = 2$, $B = 3$, $C = 8$, $D = 0.5$
② $A = 0.5$, $B = 2$, $C = 3$, $D = 8$
③ $A = 8$, $B = 0.5$, $C = 2$, $D = 3$
④ $A = 3$, $B = 8$, $C = 0.5$, $D = 2$

난이도 ☆☆☆   복습 □□□□□

정답&해설

해설 H 파라미터의 기본 행렬
$V_1 = AV_2 + BI_2$
$I_1 = CV_2 + DI_2$

출력측을 개방하면 $I_2 = 0$이므로
$V_1 = AV_2$
$A = \dfrac{V_1}{V_2}\bigg|_{I_2=0} = \dfrac{12}{4} = 3$

$I_1 = CV_2$
$C = \dfrac{I_1}{V_2}\bigg|_{I_2=0} = \dfrac{2}{4} = 0.5$

출력측을 단락하면 $V_2 = 0$이므로
$V_1 = BI_2$
$B = \dfrac{V_1}{I_2}\bigg|_{V_2=0} = \dfrac{16}{2} = 8$

$I_1 = DI_2$
$D = \dfrac{I_1}{I_2} = \dfrac{4}{2} = 2$

정답 ③

7) 영상 임피던스

Z_{01}(입력측)$=\sqrt{\dfrac{AB}{CD}}$, Z_{02}(출력측)$=\sqrt{\dfrac{DB}{CA}}$ (1차 2차 대칭일때는 $Z_{01}=Z_{02}$이다)

8) 분포정수회로

- 특성 임피던스 $Z_0=\sqrt{\dfrac{Z}{Y}}=\sqrt{\dfrac{R+j\omega L}{G+j\omega C}}$
- 전파정수 $\gamma=\sqrt{ZY}=\alpha+j\beta=\sqrt{RG}+j\omega\sqrt{LC}$ (α : 감쇠정수, β : 위상정수)
- 무손실선로는 $R=G=0$이다.
- 무왜형선로 조건 $RC=GL$
- 진행파의 전파속도 $v=\dfrac{1}{\sqrt{LC}}$

05-8

분포정수 회로에서 직렬 임피던스를 Z, 병렬 어드미턴스를 Y라 할 때, 선로의 특성 임피던스 Z_0는?

① ZY
② $\sqrt{ZY}$
③ $\sqrt{\dfrac{Y}{Z}}$
④ $\sqrt{\dfrac{Z}{Y}}$

난이도 ☆☆☆   **복습** □□□□□

> **정답&해설**
>
> **해설** 특성임피던스
> $Z_0=\sqrt{\dfrac{Z}{Y}}=\sqrt{\dfrac{R+j\omega L}{G+j\omega C}}$
>
> **정답** ④

05-9

분포 정수회로에서 선로정수가 R, L, G, C이고 무왜형 조건이 $RC = GL$과 같은 관계가 성립될 때, 선로의 특성 임피던스 Z_0는? (단, 선로의 단위길이당 저항을 R, 인덕턴스를 L, 정전용량을 C, 누설컨덕턴스를 G라 한다)

① $\dfrac{1}{\sqrt{CL}}$ ② $\sqrt{\dfrac{L}{C}}$

③ $\sqrt{CL}$ ④ $\sqrt{RG}$

정답&해설

해설 무왜형 선로에서의 특성 임피던스

$$Z_0 = \sqrt{\dfrac{Z}{Y}} = \sqrt{\dfrac{R+j\omega L}{G+j\omega C}} = \sqrt{\dfrac{L}{C}}$$

정답 ②

05-10

송전선로가 무손실 선로일 때, $L = 96$[mH]이고 $C = 0.6$ [μF]이면 특성 임피던스[Ω]은?

① 100
② 200
③ 400
④ 600

난이도 ☆☆☆   복습 ☐☐☐☐☐

▲ 바로 보기

▶ 정답&해설

해설 특성 임피던스
$Z_0 = \sqrt{\dfrac{L}{C}} = \sqrt{\dfrac{96 \times 10^{-3}}{0.6 \times 10^{-6}}} = 400[\Omega]$

정답 ③

06 라플라스변환

1) 라플라스 변환표

$f(t)$	$F(s)$
$\delta(t)$	1
$u(t)=1$	$\dfrac{1}{s}$
t	$\dfrac{1}{s^2}$
e^{-at}	$\dfrac{1}{s+a}$
$\sin\omega t$	$\dfrac{\omega}{s^2+\omega^2}$
$\cos\omega t$	$\dfrac{s}{s^2+\omega^2}$

▲ 바로 보기

2) 미분방정식

- $\dfrac{d^2}{dt^2} \Leftrightarrow s^2$
- $\dfrac{d}{dt} \Leftrightarrow s$
- $y(t) \Leftrightarrow Y(s)$
- $x(t) \Leftrightarrow X(s)$
- $1 \Leftrightarrow \dfrac{1}{s}$

06-1

$\dfrac{E_0(S)}{E_i(s)} = \dfrac{1}{s^2+3s+1}$ 의 전달함수를 미분방정식으로 표시하면?

① $\dfrac{d^2}{dt^2}e_0(t) + 3\dfrac{d}{dt}e_0(t) + e_0(t) = e_i(t)$

② $\dfrac{d^2}{dt^2}e_i(t) + 3\dfrac{d}{dt}e_i(t) + e_i(t) = e_0(t)$

③ $\dfrac{d^2}{dt^2}e_i(t) + 3\dfrac{d}{dt}e_i(t) + \int e_i(t)dt = e_0(t)$

④ $\dfrac{d^2}{dt^2}e_0(t) + 3\dfrac{d}{dt}e_0(t) + \int e_0(t)dt = e_i(t)$

정답&해설

해설 미분 방정식

$s^2 \Rightarrow \dfrac{d^2}{dt^2}$, $s \Rightarrow \dfrac{d}{dt}$, $E_0(s) \Rightarrow e_0(t)$, $E_i(s) \Rightarrow e_i(t)$

$\dfrac{E_0(s)}{E_i(s)} = \dfrac{1}{s^2+3s+1}$

$(s^2+3s+1)E_0(s) = E_i(s)$

$\Rightarrow \left(\dfrac{d^2}{dt^2} + 3\cdot\dfrac{d}{dt} + 1\right)e_0(t)$

$= \dfrac{d^2}{dt^2}e_0(t) + 3\dfrac{d}{dt}e_0(t) + e_0(t) = e_i(t)$

정답 ①

06-2

다음과 같은 시스템의 전달함수를 미분방정식의 형태로 나타낸 것은?

$$G(s) = \frac{Y(s)}{X(s)} = \frac{3}{(s+1)(s-2)}$$

① $\dfrac{d^2}{dt^2}x(t) + \dfrac{d}{dt}x(t) - 2x(t) = 3y(t)$

② $\dfrac{d^2}{dt^2}y(t) + \dfrac{d}{dt}y(t) - 2y(t) = 3x(t)$

③ $\dfrac{d^2}{dt^2}y(t) - \dfrac{d}{dt}y(t) - 2y(t) = 3x(t)$

④ $\dfrac{d^2}{dt^2}y(t) + \dfrac{d}{dt}y(t) + 2y(t) = 3x(t)$

▲ 바로 보기

정답&해설

해설

$(s+1)(s-2)Y(s) = 3X(s)$

$(s^2 - s - 2)Y(s) = 3X(s)$

$s^2 Y(s) - s Y(s) - 2 Y(s) = 3X(s)$를 미분방정식 형태로 나타내면

$\dfrac{d^2}{dt^2}y(t) - \dfrac{d}{dt}y(t) - 2y(t) = 3x(t)$이다.

정답 ③

06-3

어떤 시스템을 표시하는 미분방정식이
$2\dfrac{d^2y(t)}{dt^2}+3\dfrac{dy(t)}{dt}+4y(t)=\dfrac{dx(t)}{dt}+3x(t)$인 경우 $x(t)$를 입력, $y(t)$를 출력이라면, 이 시스템의 전달함수는? (단, 모든 초기 조건은 0이다)

① $G(s)=\dfrac{s+3}{2s^2+3s+4}$

② $G(s)=\dfrac{s-3}{2s^2-3s+4}$

③ $G(s)=\dfrac{s+3}{2s^2+3s-4}$

④ $G(s)=\dfrac{s-3}{2s^2-3s-4}$

난이도 ☆☆☆ **복습** ☐☐☐☐☐

▲ 바로 보기

정답&해설

해설 전달함수
식은 모든 초기 조건을 0으로 보고 라플라스 변환하면
$(2s^2+3s+4)y(s)=(s+3)x(s)$이다.
전달함수 $G(s)=\dfrac{y(s)}{x(s)}=\dfrac{s+3}{2s^2+3s+4}$ 이다.

정답 ①

3) 라플라스 역변환

$F(s) = \dfrac{1}{s(s+1)}$ 를 역변환 방법

① 부분 분수로 나눠라 $F(s) = \dfrac{A}{s} + \dfrac{B}{s+1}$

② A가 포함되어 있는 식의 분모가 0이 되는 s의 값을 A가 포함된 분모를 제거한 $F(s)$식에 대입한다.

$A = \dfrac{1}{s+1}\bigg|_{s=0} = \dfrac{1}{1}$

③ B가 포함되어 있는 식의 분모가 0이 되는 s의 값을 B가 포함된 분모를 제거한 $F(s)$식에 대입한다.

$B = \dfrac{1}{s}\bigg|_{s=-1} = -\dfrac{1}{1}$

④ 부분 분수식에 대입한다.

$F(s) = \dfrac{1}{s} - \dfrac{1}{s+1}$

⑤ 라플라스 변환표에 의해 역변환하면

$f(t) = 1 - e^{-t}$

06-4

미분방정식이 $\dfrac{di(t)}{dt} + 2i(t) = 1$ 일 때 $i(t)$는?

① $\dfrac{1}{2}(1 - e^{-2t})$ ② e^{2t}

③ $\dfrac{1}{2}(1 + e^{t})$ ④ $\dfrac{1}{2}(1 - e^{t})$

정답&해설

해설 미분 방정식 양변을 라플라스 변환하면

$sI(s) + 2I(s) = (s+2)I(s) = \dfrac{1}{s}$ 이고 $I(s)$를 기준으로 식을 정리하면 $I(s) = \dfrac{1}{s(s+2)}$ 이다.

$I(s)$를 부분분수로 정리하여 라플라스 역변환하면

$I(s) = \dfrac{1}{s(s+2)} = \dfrac{A}{s} + \dfrac{B}{s+2}$

$A = \dfrac{1}{s+2}\bigg|_{s=0} = \dfrac{1}{2}$

$B = \dfrac{1}{s}\bigg|_{s=-2} = -\dfrac{1}{2}$

$I(s) = \dfrac{1}{2s} - \dfrac{1}{2(s+2)} = \dfrac{1}{2}\left(\dfrac{1}{s} - \dfrac{1}{s+2}\right)$

$i(t) = \mathcal{L}^{-1}[I(s)] = \mathcal{L}^{-1}\left[\dfrac{1}{2}\left(\dfrac{1}{s} - \dfrac{1}{s+2}\right)\right] = \dfrac{1}{2}(1 - e^{-2t})$

정답 ①

06-5

다음 함수의 라플라스 역변환은?

$$I(s) = \frac{2s+3}{(s+1)(s+2)}$$

① $e^{-t} - e^{-2t}$
② $e^{t} - e^{-2t}$
③ $e^{-t} + e^{-2t}$
④ $e^{t} + e^{-2t}$

난이도 ☆☆☆   복습 □□□□□

정답&해설

해설 $I(s) = \dfrac{2s+3}{(s+1)(s+2)}$ 을 부분 분수로 정리하면

$I(s) = \dfrac{A}{s+1} + \dfrac{B}{s+2}$ 이다.

$A = \dfrac{2s+3}{s+2}\bigg|_{s=-1} = \dfrac{-2+3}{-1+2} = 1$

$B = \dfrac{2s+3}{s+1}\bigg|_{s=-2} = \dfrac{-4+3}{-2+1} = 1$

$I(s) = \dfrac{1}{s+1} + \dfrac{1}{s+2}$

$\mathcal{L}^{-1}[I(s)] = i(t) = e^{-t} + e^{-2t}$

정답 ③

CHAPTER 5 제어공학

01 제어공학

- 제어 : 원하는 결과를 얻기 위해 조정하는 것
- 제어장치 : 원하는 결과를 얻기 위해 조정하는 장치
- 자동제어 : 제어장치가 사람의 개입 없이 자동으로 동작하는 것

01-1

자동제어계의 기본적 구성에서 제어요소는 무엇으로 구성되는가?

① 비교부와 검출부
② 검출부와 조작부
③ 검출부와 조절부
④ 조절부와 조작

난이도 ☆☆☆   복습 □□□□□

▶ 정답&해설

[해설] 제어요소는 동작신호를 조작량으로 변환하는 과정의 요소로써 조절부와 조작부로 되어있다.

[정답] ④

02 폐루프 제어계

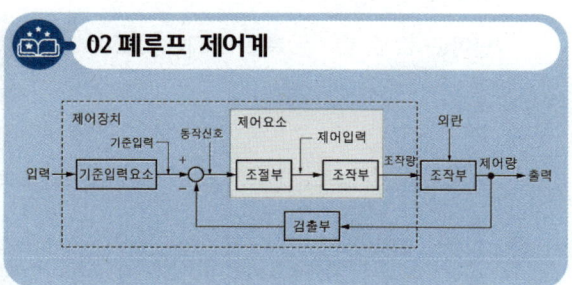

02-1

그림에서 ㉠에 알맞은 신호 이름은?

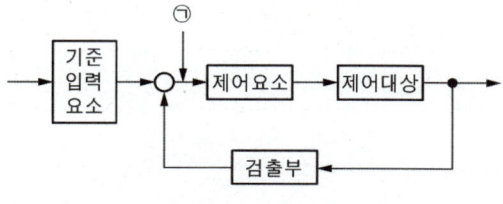

① 조작량 ② 제어량
③ 기준입력 ④ 동작신호

▶ 정답&해설

해설 폐루프 제어시스템 구성

정답 ④

03 제어량의 종류

- 프로세스 제어 : 온도, 유량, 압력, 액위, 농도 등
- 서보기구 : 물체의 위치, 방위, 자세 등
- 자동조정 : 전압, 전류, 주파수, 회전속도 등

난이도 ☆☆☆　　**복습** ☐☐☐☐☐

03-1

물체의 위치, 각도, 자세, 방향 등을 제어량으로 하고 목표값의 임의의 변화에 추종하는 것과 같이 구성된 제어장치를 무엇이라고 하는가?

① 프로세서 제어　　② 서보기구
③ 자동조정　　　　④ 추종제어

▲ 바로 보기

▶ 정답&해설

[해설] 서보기구는 물체의 기계적 위치, 각도, 자세, 방향 등을 제어량으로 하는 제어장치이다.

[정답] ②

04 출력의 성질에 의한 분류

- 정치제어 : 프로세스 제어, 자동조정
- 추종(추치)제어 : 서보기구, 프로그램 제어, 비율 제어

04-1

제어량을 어떤 일정한 목표값으로 유지하는 것을 목적으로 하는 제어법은?

① 추종제어 ② 비율제어
③ 프로그램제어 ④ 정치제어

정답&해설

해설 정치제어는 제어량을 어떤 일정한 값을 정해서 유지하는 것을 목적으로 하는 제어법이다.

정답 ④

04-2

자동제어의 분류에서 제어량의 종류에 의한 분류가 아닌 것은?

① 서보 기구
② 추치 제어
③ 프로세스 제어
④ 자동조정

정답 & 해설

해설 추치제어는 변화하는 목표값에 제어량을 추종시키기 위한 제어로 제어 목표에 의한 분류에 속한다.

정답 ②

05 전달함수

- $G(s) = \dfrac{출력}{입력} = \dfrac{C(s)}{R(s)}$

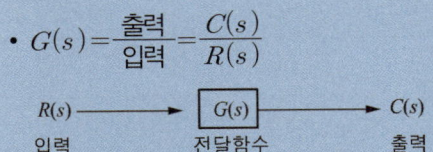

- 블록선도에서의 전달함수

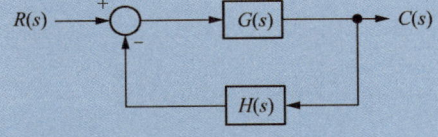

⇨ $G(s) = G_1(s)G_2(s)$

⇨ $G(s) = G_1(s) \pm G_2(s)$

⇨ $G(s) = \dfrac{G(s)}{1 - \{G(s)(-H(s))\}}$

$= \dfrac{G(S)}{1 + G(s)H(s)}$

[$G(s)H(s)$ = 개루프 전달함수]

05-1

그림과 같은 블록선도에 대한 등가 종합 전달함수 (C/R)는?

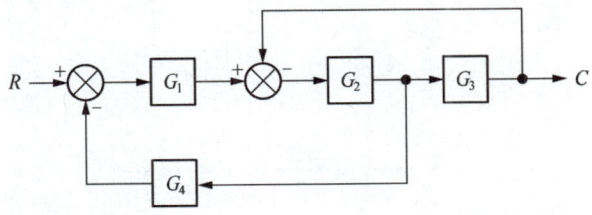

① $\dfrac{G_1 G_2 G_3}{1 + G_1 G_2 + G_1 G_2 G_3}$

② $\dfrac{G_1 G_2 G_3}{1 + G_2 G_2 + G_1 G_2 G_3}$

③ $\dfrac{G_1 G_2 G_4}{1 + G_1 G_2 + G_1 G_2 G_4}$

④ $\dfrac{G_1 G_2 G_3}{1 + G_2 G_3 + G_1 G_2 G_4}$

▲ 바로 보기

정답&해설

해설 $\dfrac{C(s)}{R(s)} = \dfrac{G(s)}{1 - G(s)H(s)}$

$G(s) = G_1 \cdot G_2 \cdot G_3$

$G(s)H(s) = -(G_1 \cdot G_2 \cdot G_4), -(G_2 \cdot G_3)$

$\dfrac{C(s)}{R(s)} = \dfrac{G_1 \cdot G_2 \cdot G_3}{1 - (-G_2 \cdot G_3 - G_1 \cdot G_2 \cdot G_4)} = \dfrac{G_1 \cdot G_2 \cdot G_3}{1 + G_2 G_3 + G_1 G_2 G_4}$

정답 ④

06 신호흐름선도

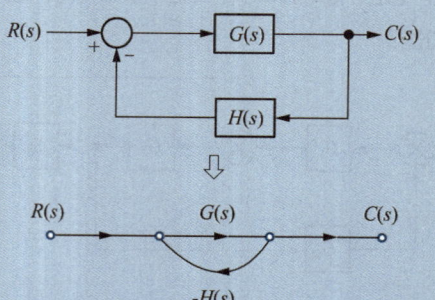

- 메이슨 이득공식

  전달함수 $M(s) = \dfrac{\sum M_K \triangle_K}{\triangle}$

  - M_K : K번째 전향경로 이득
  - $\triangle_K$: K번째 전향경로의 마디를 포함하고 있지 않은 루프의 $\triangle$값
  - $\triangle$: 1-(모든 개별 루프 이득의 합)+(서로 접촉하지 않은 두 개의 루프 이득의 곱)-(서로 접촉하지 않은 세 개의 루프 이득의 곱)

06-1

다음의 신호흐름 선도에서 C/R는?

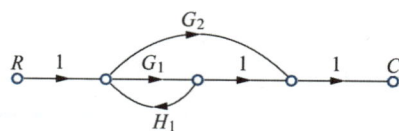

① $\dfrac{G_1 + G_2}{1 - G_1 H_1}$ ② $\dfrac{G_1 G_2}{1 - G_1 H_1}$

③ $\dfrac{G_1 + G_2}{1 + G_1 H_1}$ ④ $\dfrac{G_1 G_2}{1 + G_1 H_1}$

정답&해설

[해설] $G(s) = \dfrac{G_1 + G_2}{1 - G_1 H_1}$

[정답] ①

07 응답

- 임펄스 응답 : 단위 임펄스함수 $\delta(t)$를 가했을 때의 응답
- 인디셜 응답 : 입력에 단위 함수 $u(t)$를 가했을 때의 응답
- 입력신호

	$r(t)$	$R(s)$
단위 임펄스 함수	$\delta(t)$	1
단위 계단 함수	$u(t)=1$	$\dfrac{1}{s}$

07-1

단위계단 입력신호에 대한 과도 응답은?

① 임펄스 응답　　② 인디셜 응답
③ 노멀 응답　　　④ 램프 응답

> **정답&해설**
>
> **해설** 입력신호가 단위계단 함수일 때의 과도 응답을 인디셜 응답 또는 단위계단 응답이라고 한다.
>
> **정답** ②

08 과도응답

난이도 ☆☆☆   복습 □□□□□

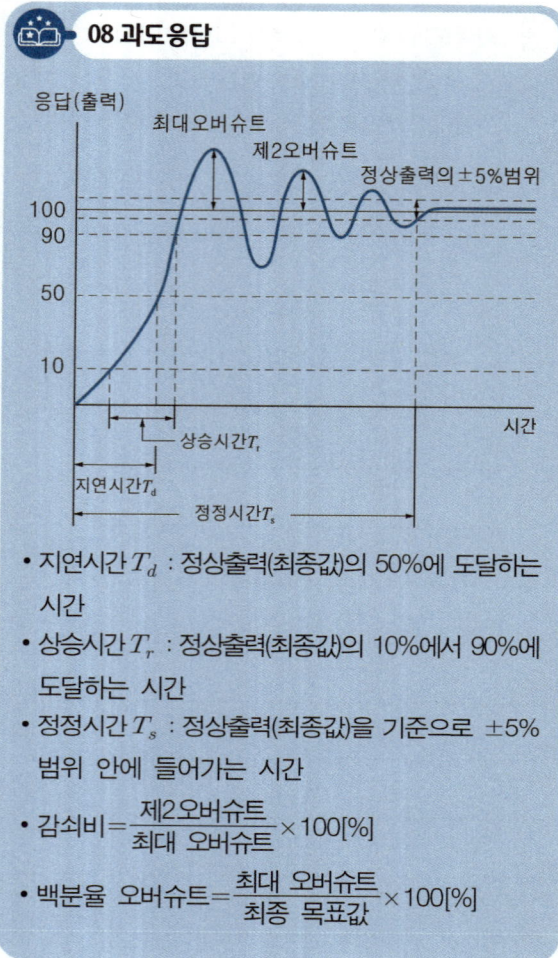

- 지연시간 T_d : 정상출력(최종값)의 50%에 도달하는 시간
- 상승시간 T_r : 정상출력(최종값)의 10%에서 90%에 도달하는 시간
- 정정시간 T_s : 정상출력(최종값)을 기준으로 ±5% 범위 안에 들어가는 시간
- 감쇠비 $= \dfrac{제2오버슈트}{최대 오버슈트} \times 100[\%]$
- 백분율 오버슈트 $= \dfrac{최대 오버슈트}{최종 목표값} \times 100[\%]$

08-1

자동 제어계의 과도 응답의 설명으로 틀린 것은?

① 지연시간은 최종값의 50[%]에 도달하는 시간이다.
② 정정시간은 응답의 최종값의 허용범위가 ±5[%]내에 안정되기까지 요하는 시간이다.
③ 백분율 오버슈트 $= \dfrac{최대오버슈트}{최종목표값} \times 100$
④ 상승시간은 최종값의 10[%]에서 100[%]까지 도달하는 데 요하는 시간이다.

▲ 바로 보기

▶ **정답&해설**

해설 응답이 최종값의 10[%]에서 90[%]까지 도달하는 데 요하는 시간을 상승시간이라 한다.

정답 ④

09 편차(오차)

- 단위계단입력의 정상편차 $e_{ss} = \dfrac{sR(s)}{1 + 편차상수}$
  - 편차상수(위치편차 상수) $k_p = \lim\limits_{s \to 0} G(s)$
- 단위속도입력의 정상편차 $e_{ss} = \dfrac{sR(s)}{편차상수}$
  - 편차상수(위치편차 상수) $k_v = \lim\limits_{s \to 0} sG(s)$
- 단위속도입력의 정상편차 $e_{ss} = \dfrac{sR(s)}{편차상수}$
  - 편차상수(위치편차 상수) $k_a = \lim\limits_{s \to 0} s^2 G(s)$

09-1

단위 피드백 제어계의 개루프 전달함수가 $G(s) = \dfrac{1}{(s+1)(s+2)}$ 일 때 단위 계단 입력에 대한 정상 편차는?

① $\dfrac{1}{3}$ ② $\dfrac{2}{3}$

③ 1   ④ $\dfrac{4}{3}$

▲ 바로 보기

정답&해설

해설 $G(s)$는 0형 제어계이다.

0형 제어계의 정상편차 $= \dfrac{s \cdot \dfrac{1}{s}}{1 + 편차상수} = \dfrac{1}{1 + 편차상수}$

편차상수 $= \lim\limits_{s \to 0} \dfrac{1}{(s+1)(s+2)} = \dfrac{1}{2}$

정상편차 $= \dfrac{1}{1 + \dfrac{1}{2}} = \dfrac{2}{3}$

정답 ②

09-2

개루프 전달함수가 다음과 같은 계에서 단위속도 입력에 대한 정상 편차는?

$$G(s) = \frac{10}{s(s+1)(s+2)}$$

① 0.2 ② 0.25
③ 0.33 ④ 0.5

정답&해설

해설 1형계의 정상 편차 $e_{ss} = \dfrac{s \cdot R(s)}{\text{정상 편차 상수}}$

입력 $R(s) =$ 단위속도입력 $= \dfrac{1}{s}$

정상 편차 상수 $= \lim\limits_{s \to 0} s \cdot G(s) = \lim\limits_{s \to 0} s \cdot \dfrac{10}{s(s+1)(s+2)} = 5$

$e_{ss} = \dfrac{s \cdot \dfrac{1}{s}}{5} = \dfrac{1}{5} = 0.2$

정답 ①

10 감도

$$S_K^T = \frac{K}{T} \times \frac{d}{dk} T$$

10-1

그림의 블록선도에서 K에 대한 폐루프 전달함수 $T = \dfrac{C(s)}{R(s)}$의 감도 S_K^T는?

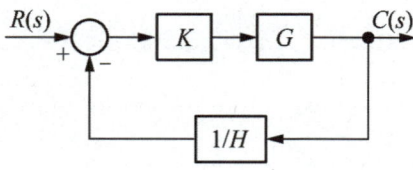

① -1
② -0.5
③ 0.5
④ 1

▲ 바로 보기

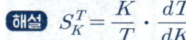

해설 $S_K^T = \dfrac{K}{T} \cdot \dfrac{dT}{dK}$

$T = \dfrac{C(s)}{R(s)} = \dfrac{KG}{1 + \left(K \times G \times \dfrac{1}{K}\right)} = \dfrac{KG}{1+G}$

$S_K^T = \dfrac{K}{\dfrac{KG}{1+G}} \cdot \dfrac{d}{dK}\left(\dfrac{KG}{1+G}\right) = \dfrac{1+G}{G} \cdot \dfrac{G}{1+G} = 1$

정답 ④

11 제어요소

정의		출력 $c(t)$	전달함수 $G(s)$
비례 요소	입력에 정비례하여 출력되는 요소	$Kr(t)$	K
미분 요소	시간의 변화율에 정비례하여 출력이 발생되는 요소	$K\dfrac{dr(t)}{dt}$	Ks
적분 요소	모든 입력신호를 나눈 값, 즉 적분값에 비례하여 출력되는 요소	$K\int r(t)dt$	$\dfrac{K}{s}$
1차 지연 요소	시간이 지연되어 출력되는 요소		$\dfrac{1}{Ts+1}$
2차 지연 요소	목표값에 진동하며 접근하고 전달함수의 분모가 s의 2차식으로 표현되는 요소		

- 2차지연요소 전달함수

$$G(s) = \dfrac{\omega_n^{\,2}}{s^2 + 2\delta\omega_n s + \omega_n^{\,2}}$$

- $\delta < 1 \Rightarrow$ 부족제동, 감쇠진동
- $\delta = 1 \Rightarrow$ 임계제동
- $\delta > 1 \Rightarrow$ 과제동, 비진동
- $\delta = 0 \Rightarrow$ 무제동, 무한진동

▍δ : 제동비 또는 감쇠계수
▍ω_n : 고유주파수

난이도 ☆☆☆   복습 ☐☐☐☐☐

11-1

비례요소를 나타내는 전달함수는?

① $G(s) = K$ ② $G(s) = Ks$
③ $G(s) = \dfrac{K}{s}$ ④ $G(s) = \dfrac{K}{Ts+1}$

▲ 바로 보기

▶ 정답&해설

해설 비례요소는 $G(s) = K$로 나타낸다.
[참고] ② 미분요소, ③ 적분요소, ④ 1차지연요소
정답 ①

11-2

특성 방정식 $s^2 + 2\delta\omega_n s + \omega^2 = 0$이 부족제동을 하기 위한 값은?

① $\delta = 1$
② $\delta < 1$
③ $\delta > 1$
④ $\delta = 0$

정답&해설

해설
- $\delta = 0$: 무제동
- $\delta = 1$: 임계제동
- $\delta > 1$: 과제동
- $\delta < 1$: 부족제동

정답 ②

11-3
그림과 같은 요소는 제어계의 어떤 요소인가?

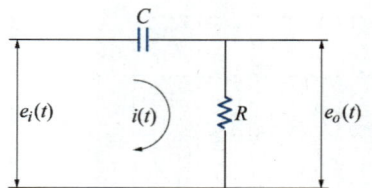

① 적분요소 ② 미분요소
③ 1차 지연요소 ④ 1차 지연 미분요소

난이도 ☆☆☆   복습 □□□□□

▲ 바로 보기

정답&해설

해설 그림의 전달함수 $G(s) = \dfrac{RCs}{1+RCs} = \dfrac{Ts}{1+Ts}$ 이므로 1차 지연요소 $\dfrac{1}{1+Ts}$ 에 미분요소 Ts를 포함한다. 즉, 1차 지연 미분요소이다.

정답 ④

11-4

그림과 같은 $R-C$ 회로에서 $RC \ll 1$인 경우 어떤 요소의 회로인가?

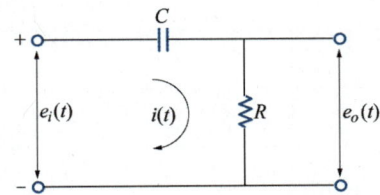

① 비례요소
② 미분요소
③ 적분요소
④ 2차 지연 요소

정답&해설

해설 $e_i(t) = \dfrac{1}{C}\displaystyle\int i(t)dt + Ri(t)$

$E_i(s) = \dfrac{1}{Cs}I(s) + RI(s)$

$e_0(t) = Ri(t)dt$

$E_0(s) = RI(s)$

$G(s) = \dfrac{E_0(s)}{E_i(s)} = \dfrac{RI(s)}{\left(\dfrac{1}{Cs}+R\right)I(s)} = \dfrac{RCs}{1+RCs} = \dfrac{Ts}{1+Ts}$

1차 지연 요소를 포함한 미분요소이다.

정답 ②

12 벡터궤적

난이도 ☆☆☆   복습 □□□□□

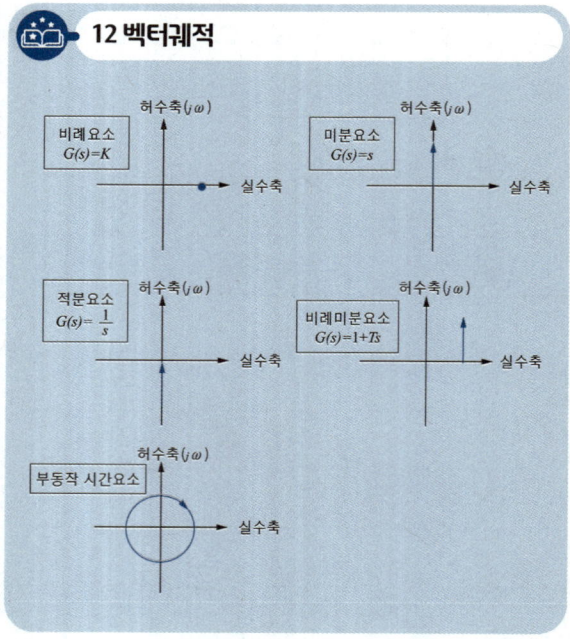

12-1

주파수 전달함수 $G(s) = s$인 미분요소가 있을 때 이 시스템의 벡터 궤적은?

① 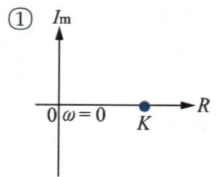   ②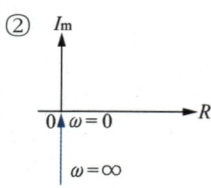

③ 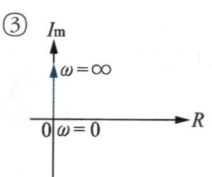   ④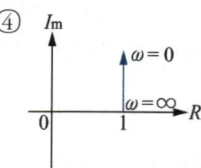

▲ 바로 보기

정답&해설

해설 $G(s) = s$, $G(j\omega) = j\omega$으로 ω가 0에서 ∞까지 허수부만 존재하므로 보기 ③번 그림과 같이 허부수 0에서 ∞까지의 그래프가 된다.

정답 ③

12-2

벡터 궤적이 다음과 같이 표시되는 요소는?

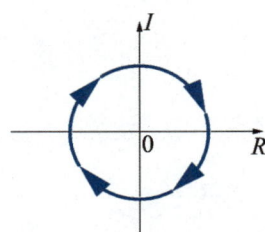

① 비례요소
② 1차 지연요소
③ 2차 지연요소
④ 부동작 시간요소

정답&해설

해설 벡터 궤적이 원을 이루는 경우의 전달함수 $G(s) = ke^{-Ls}$ 이다.
전달함수 $G(s) = ke^{-Ls}$ 의 특성요소는 부동작 시간요소이다.

정답 ④

13 이득

- $g = 20\log_{10}$[dB] 전체전달함수의 절대값
- 이득 여유
  $g = -20\log_{10}$[dB] 개루프 전달함수$[G(s)H(s)]$의 절대값

$$10^2 = 100 \Rightarrow \log_{10}100 = 2$$
$$10^0 = 1 \Rightarrow \log_{10}1 = 0$$

13-1

전달함수 $G(s) = \dfrac{1}{s(s+10)}$에 $\omega = 0.1$인 정현파 입력을 주었을 때 보드선도의 이득은?

① -40[dB] ② -20[dB]
③ 0[dB]   ④ 20[dB]

▲ 바로 보기

▶ 정답&해설

해설

$G(s)$를 $G(j\omega)$로 정리하면

$G(j\omega) = \dfrac{1}{j\omega(j\omega+10)}$ 이고 $\omega=0.1$를 적용하면

$G(j\omega) = \dfrac{1}{j0.1(j0.1+10)}$ 이다.

$|G(j\omega)| = \dfrac{1}{-0.01+j} = \dfrac{1}{\sqrt{0.01^2 + 1^2}} = 1$

이득 $g = 20\log_{10}1 = 0$

정답 ③

14 안정여부 판단

- S평면
  - 안정 : 좌반면, 불안정 : 우반면, 임계안정 : 허수축
- Z평면
  - 안정 : 원내부, 불안정 : 원외부, 임계안정 : 원주상

14-1

$G(j\omega)H(j\omega) = \dfrac{K}{(1+2j\omega)(1+j\omega)}$ 의 이득 여유가 20[dB]일 때 K값은?

① 0
② $\dfrac{1}{10}$
③ 1
④ 10

정답&해설

해설 이득 여유

이득 여유가 20[dB]일 때

$\left| \dfrac{1}{G(j\omega)H(j\omega)} \right| = 10$ 이고 $|G(j\omega)H(j\omega)| = \dfrac{1}{10}$ 이다.

$|GH| = \left| \dfrac{K}{(1+2j\omega)(1+j\omega)} \right|_{\omega=0} = K = \dfrac{1}{10}$ 이다.

정답 ②

15 나이퀴스트 선도

ω가 0에서 ∞까지 변화하였을 때 $G(j\omega)$의 크기와 위상각을 극좌표에 궤적으로 표시하는 선도

15-1

$G(j\omega) = \dfrac{K}{j\omega(j\omega+1)}$의 이득 여유가 20[dB]일 때 K값은?

①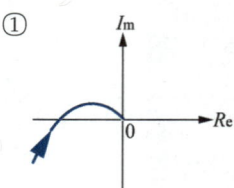
②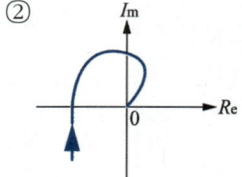
③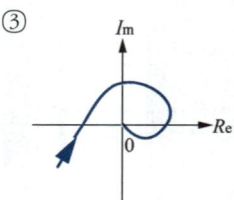
④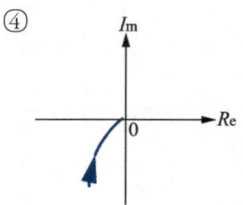

정답&해설

해설 이득 여유

이득 여유가 20[dB]일 때

$\left|\dfrac{1}{G(j\omega)H(j\omega)}\right| = 10$이고 $|G(j\omega)H(j\omega)| = \dfrac{1}{10}$이다.

$|GH| = \left|\dfrac{K}{(1+2j\omega)(1+j\omega)}\right|_{\omega=0} = K = \dfrac{1}{10}$이다.

정답 ②

16 루스 판별식

특성 방정식으로 제어계의 안정여부를 판단하는 방법
(특성 방정식=전달함수의 분모가 0이 되는 방정식)

16-1

특성 방정식 $s^5 + 2s^4 + 2s^3 + 3s^2 + 4s + 1$을 루스 판별법으로 분석한 결과로 옳은 것은?

① s 평면의 우반면에 근이 존재하지 않기 때문에 안정한 시스템이다.
② s 평면의 우반면에 근이 1개 존재하기 때문에 불안정한 시스템이다.
③ s 평면의 우반면에 근이 2개 존재하기 때문에 불안정한 시스템이다.
④ s 평면의 우반면에 근이 3개 존재하기 때문에 불안정한 시스템이다.

▲ 바로 보기

정답 & 해설

해설

s^5	1	2	4
s^4	2	3	1
s^3	$\frac{(2\times2)-(1\times3)}{2}=0.5$	$\frac{(4\times2)-(1\times1)}{2}=3.5$	
s^2	$\frac{(3\times0.5)-(2\times3.5)}{0.5}=-11$	1	
s^1	$\frac{[3.5\times(-11)]-(0.5\times1)}{-11}=\frac{39}{11}$	0	
s^0	1		

⇒ 제1열의 값의 부호가 2번 바뀌므로 불안정근은 2개이다. 즉, 불안정으로 판별되는 s 평면의 우반면에 근이 2개 존재한다는 의미이다.

정답 ③

17 근궤적수

- 영점과 극점의 개수를 비교하여 큰 수가 근궤적수가 된다.
  - 영점 : 개루프 전달함수 $[G(s)H(s)]$의 분자가 0이 되는 근
  - 극점 : 개루프 전달함수 $[G(s)H(s)]$의 분모가 0이 되는 근

18 점근선의 교차점

$$\frac{극점근의\ 합 - 영점근의\ 합}{극점의\ 근의\ 개수 - 영점의\ 근의\ 개수}$$

18-1

$G(s)H(s) = \dfrac{K}{s(s+4)(s+5)}$ 에서 근궤적의 개수는?

① 1　　　② 2
③ 3　　　④ 4

▲ 바로 보기

정답&해설

해설 근궤적의 수는 극점(분모가 0이 되는 수), 영점(분자가 0이 되는 수) 중 수의 개수가 큰 것과 같다.
- 극점 $s = 0,\ -4,\ -5$ (3개)
- 영점 $m = 0$ (0개)

근궤적 수는 극점의 개수인 3개와 같다.

정답 ③

18-2

다음과 같은 특성 방정식의 근궤적 가지수는?

$$s(s+1)(s+2)+K(s+3)=0$$

① 6   ② 5
③ 4   ④ 3

▲ 바로 보기

▶ 정답&해설

[해설] 근궤적 가지수는 특성방정식의 차수와 동일한다.
문제의 특성방정식은 s의 3차 특성방정식으로 근궤적 가지수는 3개가 된다.
[정답] ④

18-3

근궤적 $G(s)H(s) = \dfrac{K(s-2)(s-3)}{s^2(s+1)(s+2)(s+4)}$ 에서 점근선의 교차점은?

① -6 ② -4
③ 6 ④ 4

▲ 바로 보기

정답&해설

해설
- 영점 $s = 2,\ 3,\ n = 2$개
- 극점 $s = 0,\ 0,\ -1,\ -2,\ -4,\ n = 5$개

교차점 $= \dfrac{(-1-2-4)-(2+3)}{5-2} = \dfrac{-12}{3} = -4$

정답 ②

19 미분방정식

- $\dfrac{d^2}{dt^2} \Rightarrow s^2$
- $\dfrac{d}{dt} \Rightarrow s$
- $y(t) \Rightarrow Y(s)$
- $x(t) \Rightarrow X(s)$

난이도 ☆☆☆ 복습 ☐☐☐☐☐

19-1

다음과 같은 시스템의 전달함수를 미분 방정식의 형태로 나타낸 것은?

$$G(s) = \frac{Y(s)}{X(s)} = \frac{3}{(s+1)(s-2)}$$

① $\dfrac{d^2}{dt^2} x(t) + \dfrac{d}{dt} x(t) - 2x(t) = 3y(t)$

② $\dfrac{d^2}{dt^2} y(t) + \dfrac{d}{dt} y(t) - 2y(t) = 3x(t)$

③ $\dfrac{d^2}{dt^2} y(t) - \dfrac{d}{dt} y(t) - 2y(t) = 3x(t)$

④ $\dfrac{d^2}{dt^2} y(t) + \dfrac{d}{dt} y(t) + 2x(t) = 3x(t)$

▲ 바로 보기

▶ 정답&해설

[해설]
$(s+1)(s-2) Y(s) = 3X(s)$
$(s^2 - s - 2) Y(s) = 3X(s)$
$s^2 Y(s) - s Y(s) - 2 Y(s) = 3X(s)$를 미분방정식 형태로 나타내면
$\dfrac{d^2}{dt^2} y(t) - \dfrac{d}{dt} y(t) - 2y(t) = 3x(t)$ 이다.

[정답] ③

19-2

어떤 시스템을 표시하는 미분 방정식이

$2\dfrac{d^2y(t)}{dt^2}+3\dfrac{dy(t)}{dt}+4y(t)=\dfrac{dx(t)}{dt}+3x(t)$ 인

경우 $x(t)$를 입력, $y(t)$를 출력이라면, 이 시스템의 전달함수는? (단, 모든 초기 조건은 0이다)

① $G(s)=\dfrac{s+3}{2s^2+3s+4}$

② $G(s)=\dfrac{s-3}{2s^2-3s+4}$

③ $G(s)=\dfrac{s+3}{2s^2+3s-4}$

④ $G(s)=\dfrac{s-3}{2s^2-3s-4}$

▲ 바로 보기

정답&해설

해설 식은 모든 초기 조건을 0으로 보고 라플라스 변환하면
$(2s^2+3s+4)y(s)=(s+3)x(s)$ 이다.
전달함수 $G(s)=\dfrac{y(s)}{x(s)}=\dfrac{s+3}{2s^2+3s+4}$ 이다.

정답 ①

20 상태방정식의 기본식

$$\dot{x}(t) = Ax(t) + Bu(t)$$

21 특성방정식

$$|sI - A| = \begin{bmatrix} a & b \\ c & d \end{bmatrix} = ad - bc = 0$$

- 단위행렬 $I = \begin{bmatrix} 1 & 0 \\ 0 & 1 \end{bmatrix}$

21-1

$\dfrac{dx(t)}{dt} = Ax(t) + Bu(t)$, $A = \begin{pmatrix} 0 & 1 \\ -3 & 4 \end{pmatrix}$, $B = \begin{pmatrix} 1 \\ 1 \end{pmatrix}$

방정식에 대한 특성방정식을 구하면?

① $s^2 - 4s - 3 = 0$
② $s^2 - 4s + 3 = 0$
③ $s^2 + 4s + 3 = 0$
④ $s^2 + 4s - 3 = 0$

정답&해설

해설 $\begin{bmatrix} \dfrac{d}{dt} x_1 \\ \dfrac{d}{dt} x_2 \end{bmatrix} = \begin{bmatrix} 0 & 1 \\ -3 & 4 \end{bmatrix} \begin{bmatrix} x_1 \\ x_2 \end{bmatrix} + \begin{bmatrix} 1 \\ 1 \end{bmatrix} u$

특성방정식 $|sI - A| = 0$를 구하면,

$|sI - A| = \begin{bmatrix} s & 0 \\ 0 & s \end{bmatrix} - \begin{bmatrix} 0 & 1 \\ -3 & 4 \end{bmatrix} = \begin{bmatrix} s & -1 \\ 3 & s-4 \end{bmatrix}$

$\qquad = s(s-4) + 3 = s^2 - 4s + 3 = 0$

정답 ②

21-2

다음 방정식으로 표시되는 제어계가 있다. 이 계를 상태방정식 $\dot{x}(t) = Ax(t) + Bu(t)$로 나타내면 계수 행렬 A는?

$$\frac{d^3}{dt^3}c(t) + 5\frac{d^2}{dt^2}c(t) + \frac{d}{dt}c(t) + 2c(t) = r(t)$$

① $\begin{bmatrix} 0 & 1 & 0 \\ 0 & 0 & 1 \\ -2 & -1 & -5 \end{bmatrix}$ ② $\begin{bmatrix} 0 & 1 & 0 \\ 1 & 0 & 1 \\ 5 & 1 & 2 \end{bmatrix}$

③ $\begin{bmatrix} 0 & 0 & 1 \\ 1 & 0 & 0 \\ 1 & 5 & 2 \end{bmatrix}$ ④ $\begin{bmatrix} 0 & 1 & 0 \\ 0 & 0 & 1 \\ -2 & -1 & 0 \end{bmatrix}$

[해설] 보기의 미분방정식으로 상태변수를 정하면,

$x_1 = c(t)$

$\dot{x}_1 = x_2 = \frac{d}{dt}c(t)$

$\dot{x}_2 = x_3 = \frac{d^2}{dt^2}c(t)$

$\dot{x}_3 = \frac{d^3}{dt^2}c(t) = -5\frac{d^2}{dt^2}c(t) - \frac{d}{dt}c(t) - 2c(t) + r(t)$

$\quad = (-5x_3 - x_2 - 2x_1)c(t) + r(t)$

위의 식을 행렬로 나타내면,

$\begin{bmatrix} \dot{x}_1 \\ \dot{x}_2 \\ \dot{x}_3 \end{bmatrix} = \begin{bmatrix} 0 & 1 & 0 \\ 0 & 0 & 1 \\ -2 & -1 & -5 \end{bmatrix} \begin{bmatrix} x_1 \\ x_2 \\ x_3 \end{bmatrix} + \begin{bmatrix} 0 \\ 0 \\ 1 \end{bmatrix} r(t)$

$A = \begin{bmatrix} 0 & 1 & 0 \\ 0 & 0 & 1 \\ -2 & -1 & -5 \end{bmatrix}$

[정답] ①

22 상태 천이 행렬

$$\Phi = \mathcal{L}^{-1}[(sI-A)^{-1}]$$

난이도 ☆☆☆   **복습** ☐☐☐☐☐

22-1

상태방정식으로 표시되는 제어계의 천이행렬 $\Phi(t)$은?

$$\dot{X} = \begin{pmatrix} 0 & 1 \\ 0 & 0 \end{pmatrix} X + \begin{pmatrix} 0 \\ 1 \end{pmatrix} U$$

① $\begin{pmatrix} 0 & t \\ 1 & 1 \end{pmatrix}$ ② $\begin{pmatrix} 1 & 1 \\ 0 & t \end{pmatrix}$

③ $\begin{pmatrix} 1 & t \\ 0 & 1 \end{pmatrix}$ ④ $\begin{pmatrix} 0 & t \\ 1 & 0 \end{pmatrix}$

▲ 바로 보기

정답&해설

해설 상태방정식 천이행렬

$\Phi(t) = \mathcal{L}^{-1}[\Phi(s)] = \mathcal{L}^{-1}[|sI-A|^{-1}]$

I는 단위행렬이므로 $\begin{vmatrix} 1 & 0 \\ 0 & 1 \end{vmatrix}$이고, 상태방정식의 기본식은

$\dot{X} = Ax + Bu$이므로 $A = \begin{vmatrix} 0 & 1 \\ 0 & 0 \end{vmatrix}$이 된다.

$\Phi(s) = |sI-A|^{-1} = \left(s \begin{vmatrix} 1 & 0 \\ 0 & 1 \end{vmatrix} - \begin{vmatrix} 0 & 1 \\ 0 & 0 \end{vmatrix} \right)^{-1}$

$= \left(\begin{vmatrix} s & 0 \\ 0 & s \end{vmatrix} - \begin{vmatrix} 0 & 1 \\ 0 & 0 \end{vmatrix} \right)^{-1} = \begin{vmatrix} s & -1 \\ 0 & s \end{vmatrix}^{-1}$

$= \dfrac{1}{s^2} \begin{vmatrix} s & 1 \\ 0 & s \end{vmatrix} = \begin{vmatrix} \dfrac{1}{s} & \dfrac{1}{s^2} \\ 0 & \dfrac{1}{s} \end{vmatrix}$

$\Phi(t) = \mathcal{L}^{-1}[\Phi(s)] = \mathcal{L}^{-1}\left[\begin{vmatrix} \dfrac{1}{s} & \dfrac{1}{s^2} \\ 0 & \dfrac{1}{s} \end{vmatrix} \right] = \begin{vmatrix} 1 & t \\ 0 & 1 \end{vmatrix}$

정답 ③

23 시퀀스 제어

- 시퀀스 : 입력이 주어지면 정해진 순서에 따라 진행하여 출력하는 제어방법
- AND회로
  - 논리식 $X = A \cdot B$
  - 논리회로

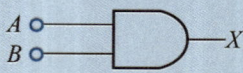

A	B	X
0	0	0
1	0	0
0	1	0
1	1	1

- OR회로
  - 논리식 $X = A + B$
  - 논리회로

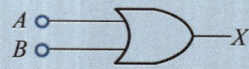

A	B	X
0	0	0
1	0	1
0	1	1
1	1	1

- NOT회로
  - 논리식 $X = \overline{A}$
  - 논리회로

A ─▷○─ X

논리표	
A	X
0	1
1	0

23-1

다음 논리 회로가 나타내는 식은?

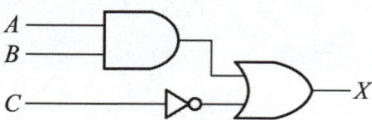

① $X = (A \cdot B) + \overline{C}$ ② $X = \overline{(A \cdot B)} + C$

③ $X = \overline{(A + B)} + C$ ④ $X = (A + B) \cdot \overline{C}$

정답&해설

해설

A, B → AND → X_1 → $X_1 = A \cdot B$

X_1, C → NOR형 → $X \to X = X_1 + \overline{C} = (A \cdot B) + \overline{C}$

정답 ①

23-2
다음 진리표의 논리 소자는?

입력		출력
A	B	C
0	0	1
0	1	0
1	0	0
1	1	0

① NOR ② OR
③ AND ④ NAND

난이도 ☆☆☆   **복습** □□□□□

▶ 정답&해설

해설 NOR 회로

• 논리 회로

• 논리식

$C = \overline{A + B}$

정답 ①

24 논리식 법칙

- 교환 법칙
  - $A + B = B + A$
  - $A \cdot B = B \cdot A$
- 결합법칙
  - $(A + B) + C = A + (B + C)$
  - $(A \cdot B) \cdot B = A \cdot (B \cdot C)$
- 분배법칙
  - $A \cdot (B + C) = AB + AC$
  - $A + B \cdot C = (A + B) \cdot (A + C)$
- 동일법칙
  - $A + A = A$
  - $A \cdot A = A$
- 흡수법칙
  - $A + A \cdot B = A$
  - $A \cdot (A + B) = A$
- 그 외 기타
  - $0 + A = A$, $1 + A = 1$, $1 \cdot A = A$, $0 \cdot A = 0$, $A + \overline{A} = 1$
- 드모르간의 정리
  $\overline{(X_1 + X_2 + X_3 + X_4 + \cdots + X_n)}$
  $= \overline{X_1} \cdot \overline{X_2} \cdot \overline{X_3} \cdot \overline{X_4} \cdot \cdots \cdot \overline{X_n}$
  $\overline{(X_1 \cdot X_2 \cdot X_3 \cdot X_4 \cdot \cdots \cdot X_n)}$
  $= \overline{X_1} + \overline{X_2} + \overline{X_3} + \overline{X_4} + \cdots + \overline{X_n}$

난이도 ☆☆☆   복습 □□□□□

24-1

$\overline{A}BC + \overline{A}B\overline{C} + A\overline{B}\overline{C} + AB\overline{C} + \overline{A}\overline{B}C + \overline{A}\overline{B}\overline{C}$
의 논리식을 간략히 하면?

① $A + AC$
② $A + C$
③ $\overline{A} + A\overline{B}$
④ $\overline{A} + A\overline{C}$

▶ 정답&해설

해설 $B + \overline{B} = 1$, $C + \overline{C} = 1$이므로 논리식을 정리하면,
$\overline{A}B(C + \overline{C}) + A\overline{C}(\overline{B} + B) + \overline{A}\overline{B}(C + \overline{C})$
$= \overline{A}B + A\overline{C} + \overline{A}\overline{B} = \overline{A}(B + \overline{B}) + A\overline{C} = \overline{A} + A\overline{C}$ 이다.

정답 ④

24-2

논리식 $\overline{A} + \overline{BC}$와 같은 논리식은?

① $\overline{A+BC}$
② $\overline{A(B+C)}$
③ $\overline{AB+C}$
④ $\overline{AB}+C$

난이도 ☆☆☆　**복습** □□□□□

▶ 정답&해설

해설 드모르간의 정리
$\overline{A} + \overline{B} \cdot \overline{C} = \overline{A} + \overline{(B+C)} = \overline{A \cdot (B+C)}$

정답 ②

나합격 전기(산업)기사 과목별 빈출특강 271제 + 무료동영상

2025년 4월 05일 초판 발행

지 은 이 임규명
발 행 인 오정자
발 행 처 삼원북스
팩   스 02-6280-2650
등   록 제2017-000048호
홈페이지 www.samwonbooks.com
I S B N 979-11-93858-64-6 13500

정   가 22,000원
Copyright©samwonbooks.Co.,Ltd.

- 낙장 및 파손된 책은 구입한 서점에서 바꿔드립니다.
- 이 책에 실린 모든 내용, 디자인, 이미지, 편집 형태에 대한 저작권은 삼원북스와 저자에게 있습니다. 허락없이 복제 및 게재는 법에 저촉을 받습니다.